技工院校"十四五"规划服装设计与制作专业系列教材
中等职业技术学校"十四五"规划艺术设计专业系列教材

服装色彩

代蕙宁 刘毅艳 陈翠筠 陈聪 主编

黄爱莲 姚峰 余燕妮 张峰 副主编

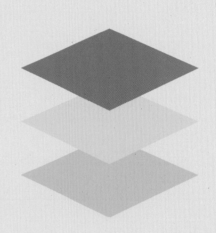

华中科技大学出版社
http://www.hustp.com
中国·武汉

内容提要

　　本书从服装色彩基础知识、服装色彩的心理属性、服装色彩搭配及实训、色彩在服饰行业中的运用及赏析四个方面，全方位讲解了服装色彩基本理论及理论转化为设计应用的方法与技巧。通过丰富的案例分析与讲解，帮助学生建立服装色彩理论知识体系。本书理论讲解细致，内容全面，条理清晰，注重理论与实践的结合，每一个项目都有相关的具体学习任务，可以帮助学生更好地掌握服装色彩设计理论到服装产品设计转化的重要知识点和技能实训点，形成系统的服装色彩设计搭配应用能力。

图书在版编目（C I P）数据

服装色彩 / 代蕙宁等主编 . — 武汉：华中科技大学出版社，2022.1

ISBN 978-7-5680-7860-3

Ⅰ . ①服… Ⅱ . ①代… Ⅲ . ①服装色彩－教材 Ⅳ . ① TS941.11

中国版本图书馆 CIP 数据核字 (2022) 第 009668 号

服装色彩

Fuzhuang Secai

代蕙宁　刘毅艳　陈翠筠　陈聪　主编

策划编辑：金　紫

责任编辑：叶向荣

装帧设计：金　金

责任监印：朱　玢

出版发行：华中科技大学出版社（中国·武汉）　　　电　　话：（027）81321913

　　　　　武汉市东湖新技术开发区华工科技园　　　　邮　　编：430223

录　　排：天津清格印象文化传播有限公司

印　　刷：湖北新华印务有限公司

开　　本：889mm×1194mm 1/16

印　　张：6.5

字　　数：215 千字

版　　次：2022 年 1 月第 1 版第 1 次印刷

定　　价：45.00 元

技工院校"十四五"规划服装设计与制作专业系列教材
中等职业技术学校"十四五"规划艺术设计专业系列教材
编写委员会名单

● 编写委员会主任委员

文健（广州城建职业学院科研副院长）　　　　宋雄（广州市工贸技师学院文化创意产业系副主任）

叶晓燕（广东省交通城建技师学院艺术设计系主任）　张倩梅（广东省交通城建技师学院艺术设计系副主任）

周红霞（广州市工贸技师学院文化创意产业系主任）　吴锐（广州市工贸技师学院文化创意产业系广告设计教研组组长）

黄计惠（广东省轻工业技师学院工业设计系教学科长）　汪志科（佛山市拓维室内设计有限公司总经理）

罗菊平（佛山市技师学院应用设计系副主任）　　林姿含（广东省服装设计师协会副会长）

● 编委会委员

陈杰明、梁艳丹、苏惠慈、单芷颖、曾铮、陈志敏、吴晓鸿、吴佳鸿、吴锐、尹志芳、陈思彤、曾洁、刘毅艳、杨力、曹雪、高月斌、陈矗、高飞、苏俊毅、何淦、欧阳敏琪、张琮、冯玉梅、黄燕瑜、范婕、杜聪聪、刘新文、陈斯梅、邓卉、卢绍魁、吴婧琳、钟锡玲、许丽娜、黄华兰、刘筠烨、李志英、许小欣、吴念姿、陈杨、曾琦、陈珊、陈燕燕、陈媛、杜振嘉、梁露茜、何莲娣、李谋超、刘国孟、刘芊宇、罗泽波、苏捷、谭桑、徐红英、阳彤、杨殿、余晓敏、刁楚舒、鲁敬平、汤虹蓉、杨嘉慧、李鹏飞、邱悦、冀俊杰、苏学涛、陈志宏、杜丽娟、阳丽艳、黄家岭、冯志瑜、丛章永、张婷、劳小芙、邓梓艺、龚芷玥、林国慧、潘启丽、李丽雯、赵奕民、吴勇、刘殷君、陈玥冰、赖正媛、王鸿书、朱妮迈、谢奇肯、杨晓玲、吴滨、胡文凯、刘灵波、廖莉雅、李佑广、曹青华、陈翠筠、陈细佳、代惠宁、古燕苹、胡年金、荆杰、李津真、梁泉、吴建敏、徐芳、张秀婷、周琼玉、张晶晶、李春梅、高慧兰、陈婕、蔡文静、付盼盼、谭珈奇、熊洁、陈思敏、陈翠锦、李桂芳、石秀萍、周敏慧、邓兴兴、王云、彭伟柱、马殷睿、汪恭海、李竞昌、罗嘉劲、姚峰、余燕妮、何蔚琪、郭咏、马晓辉、关仕杰、杜清华、祁飞鹤、赵健、潘泳贤、林卓妍、李玲、赖柳燕、杨俊龙、朱江、刘珊、吕春兰、张焱、甘明坤、简为轩、陈智盖、陈佳宜、陈义春、孔百花、何旭、刘智志、孙广平、王婧、姚歆明、沈丽莉、施晓凤、王欣苗、陈洁冬、黄爱莲、郑雁、罗丽芬、孙铁汉、郭鑫、钟春琛、周雅靓、谢元芝、羊晓慧、邓雅升、阮燕妹、皮添翼、麦健民、姜兵、童莹、黄汝杰、薛晓旭、陈聪、邝耀明

● 总主编

文健，教授，高级工艺美术师，国家一级建筑装饰设计师。全国优秀教师，2008年、2009年和2010年连续三年获评广东省技术能手。2015年被广东省人力资源和社会保障厅认定为首批广东省室内设计技能大师，2019年被广东省教育厅认定为建筑装饰设计技能大师。中山大学客座教授，华南理工大学客座教授，广州大学建筑设计研究院室内设计研究中心客座教授。出版艺术设计类专业教材120种，拥有具有自主知识产权的专利技术130项。主持省级品牌专业建设、省级实训基地建设、省级教学团队建设3项。主持100余项室内设计项目的设计、预算和施工，项目涉及高端住宅空间、办公空间、餐饮空间、酒店、娱乐会所、教育培训机构等，获得国家级和省级室内设计一等奖5项。

合作编写单位

（1）合作编写院校

广州市工贸技师学院
佛山市技师学院
广东省交通城建技师学院
广东省轻工业技师学院
广州市轻工技师学院
广州白云工商技师学院
广州市公用事业技师学院
山东技师学院
江苏省常州技师学院
广东省技师学院
台山敬修职业技术学校
广东省国防科技技师学院
广州华立学院
广东省华立技师学院
广东花城工商高级技工学校
广东岭南现代技师学院
广东省岭南工商第一技师学院
阳江市第一职业技术学校
阳江技师学院
广东省粤东技师学院
惠州市技师学院
中山市技师学院
东莞市技师学院
江门市新会技师学院
台山市技工学校
肇庆市技师学院
河源技师学院
广州市蓝天高级技工学校
茂名市交通高级技工学校
广州城建技工学校
清远市技师学院
梅州市技师学院
茂名市高级技工学校
汕头技师学院
广东省电子信息高级技工学校
东莞实验技工学校
珠海市技师学院
广东省机械技师学院
广东省工商高级技工学校
深圳市携创高级技工学校
广东江南理工高级技工学校
广东羊城技工学校
广州市从化区高级技工学校
肇庆市商业技工学校
广州造船厂技工学校
海南省技师学院
贵州省电子信息技师学院
广东省民政职业技术学校
广州市交通技师学院
广东机电职业技术学院
中山市工贸技工学校
河源职业技术学院

（2）合作编写组织

广州市赢彩彩印有限公司
广州市壹管念广告有限公司
广州市璐鸣展览策划有限责任公司
广州波镨展览设计有限公司
广州市风雅颂广告有限公司
广州质本建筑工程有限公司
广东艺博教育现代化研究院
广州正雅装饰设计有限公司
广州唐寅装饰设计工程有限公司
广东建安居集团有限公司
广东岸芷汀兰装饰工程有限公司
广州市金洋广告有限公司
深圳市千千广告有限公司
广东飞墨文化传播有限公司
北京迪生数字娱乐科技股份有限公司
广州易动文化传播有限公司
广州市云图动漫设计有限公司
广东原创动力文化传播有限公司
菲逊服装技术研究院
广州珈钰服装设计有限公司
佛山市印艺广告有限公司
广州道恩广告摄影有限公司
佛山市正和凯歌品牌设计有限公司
广州泽西摄影有限公司
Master 广州市熳大师艺术摄影有限公司
广州昕宸企业管理咨询有限公司

序 言

　　技工教育和中职中专教育是中国职业技术教育的重要组成部分，主要承担培养高技能产业工人和技术工人的任务。随着"中国制造2025"战略的逐步实施，建设一支高素质的技能人才队伍是实现规划目标的必备条件。如今，国家对职业教育越来越重视，技工和中职中专院校的办学水平已经得到很大的提高，进一步提高技工和中职中专院校的教育、教学和实训水平，提升学生的职业技能，弘扬和培育工匠精神，已成为技工院校和中职中专院校的共同目标。而高水平专业教材建设无疑是技工院校和中职中专院校教育特色发展的重要抓手。

　　本套规划教材以国家职业标准为依据，以综合职业能力培养为目标，以典型工作任务为载体，以学生为中心，根据典型工作任务和工作过程设计教学项目和学习任务。同时，按照工作过程和学生自主学习的要求进行内容设计，实现理论教学与实践教学合一、能力培养与工作岗位对接合一、实习实训与顶岗工作合一。

　　本套规划教材的特色在于，在编写体例上与技工院校倡导的"教学设计项目化、任务化，课程设计教、学、做一体化，工作任务典型化，知识和技能要求具体化"紧密结合，体现任务引领实践的课程设计思想，以典型工作任务和职业活动为主线设计教材结构，以职业能力培养为核心，将理论教学与技能操作相融合作为课程设计的抓手。本套规划教材在理论讲解环节做到简洁实用、深入浅出；在实践操作训练环节体现以学生为主体的特点，创设工作情境，强化教学互动，让实训的方式、方法和步骤清晰，可操作性强，并能激发学生的学习兴趣，促进学生主动学习。

　　本套规划教材由全国50余所技工院校和中职中专院校服装设计专业共60余名一线骨干教师与20余家服装设计公司一线服装设计师联合编写。校企双方的编写团队紧密合作，取长补短，建言献策，让本套规划教材更加贴近专业岗位的技能需求，也让本套规划教材的质量得到了充分的保证。衷心希望本套规划教材能够为我国职业教育的改革与发展贡献力量。

技工院校"十四五"规划服装设计与制作专业系列教材
中等职业技术学校"十四五"规划艺术设计专业系列教材　总主编

教授/高级技师　**文 健**

2021年5月

前言

　　民谚有"远看颜色近看花"之说，造型艺术有"型与色的艺术"之誉，瑞士著名色彩学家伊顿曾经说过："无论造型艺术如何发展，色彩永远是最重要的造型要素之一。"可见色彩在人类生活与艺术创作中的重要意义。色彩作为服装设计的三要素之一，在服装设计中起着重要的作用，魅力无穷的服装色彩更是服装灵魂之所在。

　　本书的编写，遵从了技工院校一体化教学的体例，通过典型的学习任务引导学生对服装色彩应用关键技能和知识点的学习和训练，体现任务引领实践导向的课程设计思想。本书从服装色彩基础知识、服装色彩的心理属性、服装色彩搭配及实训、色彩在服饰行业中的运用及赏析四个方面，全方位讲解了服装色彩基本理论及理论转化为设计应用的方法与技巧。通过丰富的案例分析与讲解，帮助学生建立服装色彩理论知识体系。本书理论讲解细致，内容全面，条理清晰，注重理论与实践的结合，每一个项目都有相关的具体学习任务，可以帮助学生更好地掌握服装色彩设计理论到服装产品设计转化的重要知识点和技能实训点，形成系统的服装色彩设计搭配应用能力。

　　本书的编写得益于广东省交通城建技师学院的代蕙宁老师、广东省华立技师学院的刘毅艳老师、广东省交通城建技师学院的陈翠筠老师、广东省经济贸易职业技术学校的陈聪老师、中山市工贸技工学校的黄爱莲老师、广东省轻工业技师学院的姚峰老师、广东省轻工业技师学院的余燕妮老师、河源职业技术学院的张峰老师的通力合作。本书融入了各位服装设计专业优秀教师的丰富商业实战经验和专业教学体会，希望能够切实帮助技工院校和中职、中专院校服装设计专业学子提升服装色彩应用的专业能力。由于编者的学术水平有限，本书可能存在不足之处，敬请读者批评指正。

代蕙宁

2021年6月

课时安排（建议课时48）

项目	课程内容	课时	
项目一 服装色彩基础知识	学习任务一　服装色彩的概念和特征	4	8
	学习任务二　色彩的属性	4	
项目二 服装色彩的心理属性	学习任务一　服装色彩的情感	4	12
	学习任务二　服装色彩的视觉意象	4	
	学习任务三　服装色彩的采集与重构	4	
项目三 服装色彩搭配及实训	学习任务一　同类色、类似色服装色彩搭配	4	12
	学习任务二　对比色、互补色服装色彩搭配	4	
	学习任务三　服装综合配色实训	4	
项目四 色彩在服饰行业中的 运用及赏析	学习任务一　服装色彩流行资讯的收集与欣赏	4	16
	学习任务二　色彩在服装产品设计中的运用	4	
	学习任务三　色彩在服装商品陈列中的运用	4	
	学习任务四　色彩在服装品牌和个人形象设计中的运用	4	

目 录

项目一
服装色彩基础知识

学习任务一　服装色彩的概念和特征
学习任务二　色彩的属性

服装色彩的概念和特征

教学目标

（1）专业能力：了解服装色彩的基本概念及特征，认识色彩在服饰品设计及服装搭配中的重要作用。

（2）社会能力：了解世界各国、各民族的服饰文化和色彩设计特点，开拓视野，提高审美水平。

（3）方法能力：掌握资料收集能力、案例分析能力、创意思维能力、语言表达及沟通协调能力。

学习目标

（1）知识目标：了解服装色彩的基本概念及特征。

（2）技能目标：能分析服装色彩的设计方法。

（3）素质目标：能理解服装色彩的社会属性，深度挖掘服饰文化中服装色彩的相关历史文化知识，增强对服饰文化的学习兴趣，提高文化修养，增强审美能力。

教学建议

1. 教师活动

（1）教师讲解服装色彩的概念和特征，提高学生对服装色彩的直观认识和感受，培养学生的色彩审美能力。

（2）引导学生发掘中华传统服饰的特点，收集相关元素进行传承和创新，并将其应用到服装设计中。

2. 学生活动

（1）以组为单位，采用抽签的方式每组选取服饰色彩的一种属性进行深度分析、讲解和展示。

（2）构建有效促进学生自主学习、自我管理的教学模式和评价模式，突出学以致用，以学生为中心取代以教师为中心。

一、学习问题导入

色彩、造型、材质是服装设计的三大要素，三者相互作用，缺一不可。色彩作为重要的视觉要素，是最具感染力的因素和媒介，在服装设计中起到重要的作用。法国时装大师皮尔·卡丹曾说过："我创作时最注重色彩。"色彩在服饰品搭配、人物着装及个人形象设计中同样具有重要的作用。本次课我们就一起来学习服装色彩的相关知识。

二、学习任务讲解

1. 服装色彩的基本概念

服装色彩即服饰色彩，是指用色彩来装饰服装的方式、方法。色彩在服装设计和审美中有着举足轻重的作用。色彩、款式、材质是构成服装的三大要素，在这三大要素中，色彩是首要要素，可见色彩在服装设计中的重要性。服装色彩的构成有以下三种属性。

（1）实用性：保护身体，抵抗自然界的侵袭。

（2）装饰性：色彩本身对服装具有装饰作用，优美图案与和谐色彩的有机结合，能在同样结构的服装中，赋予各自不同的装饰效果。

（3）社会属性：色彩不仅能区别穿着者的年龄、性别、性格及职业，而且也显示出穿着者的社会地位。

2. 服装色彩的特征

（1）时代性特征。

服装色彩具有悠久的历史与鲜明的时代特色。在原始社会，人类喜欢佩戴鲜艳的鸟类毛羽和贝壳，并将不同于人类肤色的赭石粉及花朵的汁液直接涂抹在身体上，甚至用尖锐的骨针、石器等来刺破皮肤，嵌入朱砂、黑、青、白等颜色进行纹身，这些都是最早的服装色彩形式，如图1-1所示。中国自商朝起，就出现了冠服制度，周代"礼制"中的祭服和朝服，其职位和季节的区别就是以青、赤、黄、白、黑五种色彩来表示的。

图1-1　非洲原始部落服装色彩

（2）象征性特征。

在阶级社会中，服装色彩被赋予了一定的象征意义。在中国封建社会，黄色始终象征着皇权，是帝王家族的专用色彩，而红色、紫色则是权贵们常用的服装颜色。中国古代服饰的颜色有着严格的等级制度，皇室、官员、平民的服饰颜色各不相同。我国古代把颜色分为正色和间色两种，正色和间色成为明贵贱、辨等级的工具。孔子曾说，"红紫不以为亵服"，就是说不能用红色或者紫色的布做普通居家的服装。以唐代为例，三品以上的官员穿着紫色官服，四品官员着深绯色官服，五品官员着浅绯色官服，六品官员着深绿色官服，七品官员着浅绿色官服，八品官员着深青色官服，九品官员着浅青色官服。

西方国家也有严格的色彩等级观念，紫色几乎成为王公贵族的专用服饰色彩，红色为圣母、圣父、圣子的宗教服饰色彩，紫红色象征着世俗与宗教精神力量的结合。名门贵族也各有其家族徽章及服饰色彩而区别于大众，如图1-2～图1-5所示。

图1-2　罗马教皇的服饰

图1-3　清朝乾隆皇帝朝服

图1-4　唐代仕女图服饰

图1-5　埃及国王及皇后服饰

（3）审美性特征。

服装色彩的一个重要作用是满足穿着者的精神需求，是人们爱美之心的表达，愉悦之情的体现，具有给穿着者增光添彩、使观赏者赏心悦目的作用。同时，服装色彩也是着装者美学修养及文化品位的体现。

（4）实用性特征。

服装色彩集审美与实用为一体，色彩设计要以人为本，综合考虑其实用性。不同行业的着装有不同的要求，人们通常会根据行业特点来选择不同颜色的服装。例如陆军采用具有隐蔽作用的迷彩棕绿色，而海军的服装则为蓝白相间的迷彩色；医生的服装为白色，新婚要穿红色的婚服等。

（5）立体性特征。

服装是对人的立体包装，服装色彩借助材料和造型从平面状态转化为立体状态，人们可以从各种角度、各个方位去进行审美体验。在进行服装色彩设计时，不仅要考虑其正面的视觉效果，还要结合人体多个维度，全方位考虑服装色彩的整体审美效果。

（6）传播性特征。

时尚杂志、各类服装宣传海报、时装发布会、新媒体视频等都承担着色彩宣传的媒介作用。服装色彩也会随着人的活动而进入各种场所，并与那里的环境色彩共同构成特有的色彩氛围。色彩因为人的穿着而成为移动的色彩，人又成为色彩的载体。

（7）场效性特征。

不同色彩类型的服装适用于不同场合，并产生和谐的场效性。如中国的传统婚礼习俗中新郎穿红色状元袍，新娘披戴凤冠霞帔（红色的披肩），整个色调以大红色为主，强调隆重、喜庆的氛围。西式婚礼的礼服则以白色婚纱和黑色礼服为主，虽然颜色较为素净，却显得神圣浪漫。

（8）流行性特征。

服饰色彩具有一定的流行性。世界权威流行色彩预测机构潘通色彩研究院（Pantone Color Institute）会提前发布下一年度最有代表性的时尚色彩趋势报告。服装品牌公司则根据流行预测来进行服装产品设计。当运用了流行色系进行设计的产品大批量推向市场时，流行色就开始在人群中流行起来，如图1-6和图1-7所示。

图1-6　2021年春夏的主要流行色

续图 1-6　2021 年春夏的主要流行色

图 1-7　2021 年春夏的 5 种核心经典色

（9）季节性特征。

服装色彩具有一定的季节性，伴随着大自然的四季交替、气温的冷暖变化，人们会选择一些跟季节相协调的颜色来适应大自然的变化。例如寒冷的冬季选择艳丽、温暖的服装色彩，炎热的夏季选择凉爽、清新的服装色彩，如图 1-8 和图 1-9 所示。

（10）民族性特征。

不同的国家孕育了不同风土人情和性格的民族服饰，民族服饰是各民族文化中独具特色的服饰，也可以称为地方服饰或民俗服饰。民族服饰文化内涵丰富，其制作原料、纺织工艺、印染工艺、刺绣工艺、图案纹样、色彩和饰品等都独具魅力，如图 1-10 和图 1-11 所示。

图 1-8 冬季服装色彩

图 1-9 夏季服装色彩

图 1-10 藏族服饰

图 1-11 苗族服饰

3. 服装色彩设计的重要性

就服装设计而言，色彩是最醒目的视觉要素。服装设计中各种色彩面料是制作服装的主要素材，色彩的搭配与组合不仅可以体现出服装的设计特色，而且可以有效地传递信息、表达情感。色彩与色彩搭配共同构成了服装设计的基础，不仅能给人们带来强烈的视觉冲击，而且也是服装设计的灵魂。可以说，色彩运用对于服装设计具有不可替代的作用，具体体现在以下几个方面。

（1）彰显穿着者的个人魅力。

现代服装设计在注重服装质量的同时更加注重服装的外观，而色彩可以起到很好的外观修饰作用。例如黑色服饰可以使人看起来身形纤细、肤色白皙，表现出沉稳、成熟的气质；红色、黄色等亮色服饰可以增添人的活力感。设计者往往高度重视服装的修饰作用，针对不同年龄的人进行合理的色彩运用，可以起到修饰体型、映衬肤色、提升气质的作用，还能够彰显穿着者的个人魅力，如图 1-12 所示。

图 1-12　亮黄色与灰色的搭配增添穿着者的活力

（2）展现服装商业价值。

随着审美需求的提高，人们越来越重视服装设计。为了展现服装的艺术魅力，需要提高服装的附加值和商业价值。在服装设计中合理地进行色彩运用是展现服装商业价值的关键，也是刺激人们消费欲望的最佳要素。色彩作为影响服装销售的主要因素之一，可以帮助服装产品提高附加值，增添商业价值。

（3）传达设计者情感。

强烈的色彩会给人带来强烈的视觉冲击，一件服装只有搭配适合的色彩才能加深人们对服装的印象。人们对服装的第一印象主要来源于色彩，色彩运用是设计师联系消费者的纽带，以色彩为载体将设计师的情感传达给消费者，可以提升消费者对产品的关注度。

三、学习任务小结

通过本次课的学习，大家已经初步了解了服装色彩的基本概念、特征，对服装色彩有了一定的认识和了解。课后同学们还要通过各种途径收集有关色彩在服装设计应用中的资料和信息，并进行分类整理，找出优秀的服装色彩设计作品进行深入研究，提高自己的服装色彩审美能力。

四、课后作业

以小组为单位随机抽取服装色彩的 2 个属性，收集能体现其属性的图片及相关资料，并制作成 PPT 进行展示汇报。

学习任务 二　　色彩的属性

教学目标

（1）专业能力：了解色彩的属性，认识色彩的三要素和色彩的协调与对比。

（2）社会能力：具备一定的服装色彩设计与搭配能力。

（3）方法能力：掌握资料收集能力、创造性思维能力、语言表达及沟通协调能力。

学习目标

（1）知识目标：掌握色彩的三要素。

（2）技能目标：掌握色彩的协调与对比理论，并能应用于服装色彩设计之中。

（3）素质目标：具备较好的艺术修养和色彩审美能力。

教学建议

1. 教师活动

教师讲解色彩三要素和色彩协调与对比的知识，提高学生对色彩的直观认识和感受，培养学生的色彩审美能力。

2. 学生活动

认真聆听老师讲解色彩知识点，分析色彩在服装设计领域的应用案例。

一、学习问题导入

同学们，大家好！本次课我们一起来学习色彩的属性。大家有没有这样的感受：白天不管我们穿得多么艳丽，晚上在漆黑的环境里我们什么都看不见，这是为什么呢？今天我们将学习色彩的相关概念，揭开色彩之谜。

二、学习任务讲解

光是产生色彩的原因，色是光波被感觉的结果，是人的眼睛在可见光刺激时产生的红、橙、黄、紫、黑、白、灰等一系列的视觉感受，也是从物体反射到人的眼睛所引起的一种视觉心理感受。色彩按字面含义可分为色和彩，所谓色是指人对进入眼睛的光所产生的感觉；彩则指多色的意思，是人对光变化的理解。17世纪60年代，英国数学家、科学家、哲学家牛顿通过有名的"日光棱镜折射实验"，得出白光是由不同颜色的光线混合而成的，从而系统地解释了光色的本质形态，发现了色的光谱，颜色的本质才逐渐得到正确的解释，如图1-13所示。

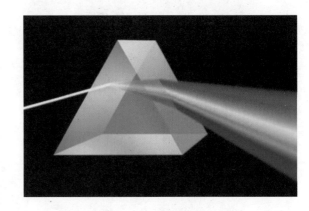

图1-13　日光棱镜折射实验

1. 色彩的基本概念

（1）原色：绘画色彩中最基本的颜色为红、黄、蓝，称为原色。这三种原色颜色纯正、鲜明、强烈，而且原色本身是调配不出来的，但是它们之间的混合可以调配出多种色相的色彩。

（2）间色：由两个原色相混合得出的色彩就是间色，如黄色调配蓝色得到绿色，蓝色调配红色得到紫色，红色调配黄色得到橙色。

（3）复色：将两个间色（如橙与绿、绿与紫）或一个原色与相对应的间色（如红与绿、黄与紫）相混合得出的色彩。复色包含了三原色的成分，成为色彩纯度较低的含灰色彩。

（4）对比色：色相环中相隔120°至150°的任意三种颜色。

（5）同类色：同一色相中不同倾向的系列颜色称为同类色。如黄色可分为柠檬黄、中黄、橘黄、土黄等，都称为同类色。

（6）互补色：色相环中相隔180°的颜色称为互补色。如红与绿，蓝与橙，黄与紫互为补色。补色并列时会引起强烈对比的色彩感觉，会感到红的更红，绿的更绿，如将补色的饱和度减弱，即能趋向调和。

有关色彩基本概念的示意图，如图1-14 ～图1-18所示。

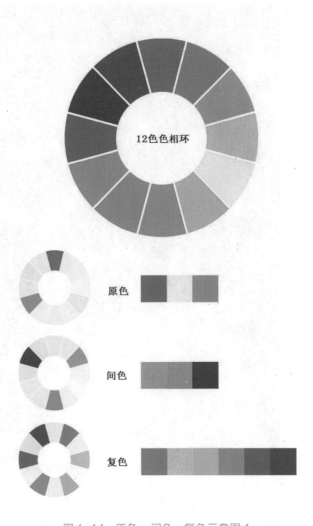

图1-14　原色、间色、复色示意图1

图 1-15　原色、间色、复色示意图 2

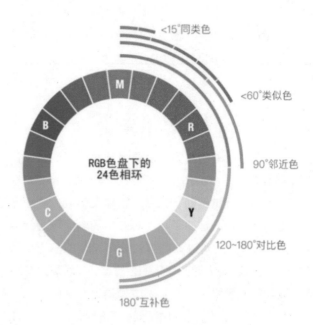

图 1-16　对比色、同类色、互补色示意图

图 1-17　同类色服装配色

图 1-18　对比色服装配色

2. 色彩的三要素

（1）色相。

色相是指色彩的相貌，是色彩最显著的特征，是不同波长的色彩被视觉感知的结果。光谱上的红、橙、黄、绿、青、蓝、紫就是 7 种不同的色相。

（2）明度。

明度是指色彩的明暗、深浅程度，它取决于反射光的强弱。其包括两个含义：一是指颜色本身的明与暗，二是指不同色相之间存在着明与暗的差别。

（3）纯度。

纯度也称彩度、艳度、浓度、饱和度，是指色彩的鲜灰程度。

3. 色彩的类别

（1）光源色。

光源色是指由各种光源发出的光（自然光、人造光）的颜色。光源光波的长短、强弱形成了不同的光源色彩，一般在物体亮部呈现。

（2）固有色。

固有色是指在自然光线下物体所呈现的本身色彩。

（3）环境色。

环境色是指物体周围环境的颜色由于光的反射作用，引起物体色彩的变化，特别是物体暗部的反光部分变化比较明显。

4. 色彩的对比

（1）色相对比。

色相对比是指色相之间的差别形成的对比。

(2) 明度对比。

明度对比是指明度之间的差别形成的对比。

(3) 纯度对比。

纯度对比是指纯度之间的差别形成的对比。

(4) 冷暖对比。

冷暖对比是指色彩的冷暖差别而形成的色彩对比。例如：红、橙、黄使人感觉温暖，被称为暖色；蓝、蓝绿、蓝紫使人感觉寒冷，被称为冷色。

(5) 补色对比。

补色对比是指将红与绿、黄与紫、蓝与橙等具有补色关系的色彩彼此并置，使色彩感觉更为鲜明，对比更加强烈。

色彩的对比示意图，如图 1-19 ～图 1-23 所示。

图 1-19　色相对比服饰　　　　　图 1-20　明度对比服饰　　　　　图 1-21　纯度对比服饰

图 1-22　冷暖对比服饰　　　　　　　　图 1-23　补色对比服饰

5. 色彩协调

所谓色彩协调就是指色彩的和谐一致。通常来说色彩协调以适应目的色彩效果为依据，要求有变化但不过分刺激，统一但不单调。在将两个或两个以上的色彩进行组合时，为了达成共同的表现目的而设置一种秩序，使色彩形成统一和谐的现象，称为色彩协调。"类似""近似""秩序"是把握色彩协调的三个要领。

（1）类似协调。

类似协调是指以统一色彩属性为手段的色彩协调方式。类似协调在配色中强调色彩要素中的一致性关系，追求色彩关系的统一感，同一协调与近似协调都属于类似协调。

同一协调是指在色相、明度、纯度三种属性中有一种要素完全相同，变化另外两种要素。在三种属性中有两种要素相同，便称为双性同一协调。同一协调的画面整体性较强，但也有单调乏味的缺点。

近似协调是指在色相、明度、纯度中有某种要素近似，变化其他要素。由于统一的要素由同一变为近似，因此近似协调与同一协调相比较，在色彩关系上有更多的变化。

服装色彩的类似协调，如图1-24和图1-25所示。

图1-24　服装色彩的类似协调1　　　图1-25　服装色彩的类似协调2

（2）渐变协调。

渐变协调是指在对比强烈的色彩中做等差、等比的渐变，达到画面的协调效果。也就是说依靠色相或明度的自然推进和变化以及纯度的逐渐增强或减弱，使色彩变得柔和，形成色彩协调效果，如图1-26和图1-27所示。

（3）面积协调。

面积协调是指通过调整各色彩在画面中所占面积比例来实现色彩协调的色彩表现形式。在面积协调中若使其中一色的面积增大，以绝对的优势压倒另一色，形成统治与被统治的关系，这样色彩就可以取得协调效果，如图1-28和图1-29所示。

图1-26　服装色彩的渐变协调1　　　图1-27　服装色彩的渐变协调2

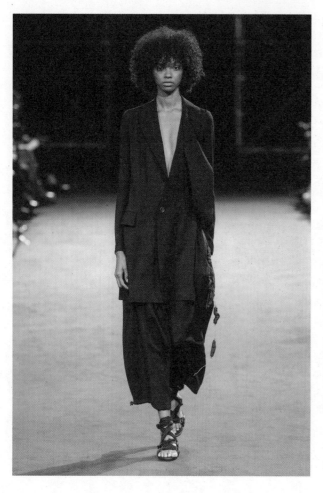

图 1-28　服装色彩的面积协调 1　　　　　　　　　　　　图 1-29　服装色彩的面积协调 2

三、学习任务小结

　　本次课我们主要学习了色彩的属性，包括原色、间色、复色、对比色、同类色、互补色的概念，以及色彩的对比和协调等知识点。同学们要学以致用，将所学色彩知识运用到服装设计和服装色彩搭配中，并用专业的理论来分析和赏析优秀的服装设计作品，总结和归纳出服装色彩设计的方法和色彩搭配技巧。

四、课后作业

　　收集同类色、对比色、互补色的服装作品案例，并制作成 PPT 进行展示。

项目二
服装色彩的心理属性

学习任务 一   服装色彩的情感

教学目标

（1）专业能力：了解服装色彩的情感属性，掌握不同的色彩使人产生的不同联想和感觉，能够运用色彩的情感进行服装色彩设计。

（2）社会能力：能够运用色彩表达自己的情感。

（3）方法能力：具备色彩感知能力和色彩搭配能力。

学习目标

（1）知识目标：理解色彩的情感属性，以及色彩给人的生理、心理作用。

（2）技能目标：能够运用色彩的情感进行服装色彩设计。

（3）素质目标：具备一定的色彩设计与搭配能力。

教学建议

1. 教师活动

（1）教师前期收集服装色彩作品，从色彩的情感角度，图文并茂地讲解服装色彩的设计与搭配技巧。

（2）以分析、探究、体验的教学方法让学生了解服装色彩的情感属性。

2. 学生活动

（1）认真聆听教师的讲解和分析，积极思考，提升对色彩情感的感知能力，能够运用色彩的情感进行服装色彩设计。

（2）深度分析不同色彩产生的情感体验，提升色彩设计素养。

一、学习问题导入

同学们，大家好！本次课我们一起来学习服装色彩的情感属性。色彩可以带给人不同的情感体验，例如看到红色会产生喜庆、热闹、欢快的感觉；看到绿色会产生清爽、自然、雅致的心理感受；等等。色彩的情感属性对于服装色彩设计来说非常重要，可以让服装更加人性化。

二、学习任务讲解

1. 服装色彩情感的基本概念

色彩情感是指色彩作用于人的视觉器官，通过视觉神经传入大脑后经过思维与以往的记忆及经验产生联想，从而形成一系列的色彩心理反应和情感体验的过程。服装色彩情感是指不同色彩的服装给人的心理带来的情感变化。

2. 色彩的心理感觉

（1）冷暖感。

色彩从心理体验的角度可以分为暖色和冷色。暖色是指使心理上产生温暖感觉的颜色。人们见到红色、红橙色、橙色、黄橙色、黄色、紫红色等色彩后，会联想到太阳、火焰、热血等产生热能的物象，从而形成温暖、热烈、热情的心理体验，这些色彩被称为暖色。暖色服装搭配如图 2-1 所示。

冷色是指使心理上产生寒冷感觉的颜色。如看到蓝绿色、蓝色、蓝紫色等色彩后，会联想到天空、冰雪、海洋等物象，产生凉爽、开阔、平静等感觉，这些色彩被称为冷色。冷色服装搭配如图 2-2 所示。

图 2-1　暖色服装搭配

图 2-2　冷色服装搭配

（2）软硬感。

色彩从软硬的角度可分为软色和硬色。色彩的软硬感主要取决于明度，明度高，色彩感觉柔软；明度低，色彩感觉坚硬。其次取决于色相，暖色感觉柔软，冷色感觉坚硬。最后取决于纯度，纯度高，色彩感觉坚硬；纯度低，色彩感觉柔软，如图2-3和图2-4所示。

（3）动静感。

色彩的动静感主要取决于纯度，纯度高，动感强；纯度低，宁静感强。其次取决于色相，暖色动感强，冷色宁静感强。最后取决于明度，明度高动感强，明度低宁静感强，如图2-5和图2-6所示。

图2-3　柔软的服装色彩　　　　图2-4　硬朗的服装色彩

图2-5　极具动感的服装色彩　　　　图2-6　具有宁静感的服装色彩

（4）华丽与朴素感。

色彩的华丽与朴素感主要取决于色相和纯度，纯度高的暖色给人以华丽、鲜艳和明亮的感觉；纯度低的冷色给人以朴素、灰暗和宁静的感觉，如图2-7和图2-8所示。

图2-7　极具华丽感的服装色彩　　　图2-8　具有朴素感的服装色彩

（5）舒适与疲劳感。

舒适与疲劳感是色彩作用于人的视觉，并在人的生理和心理上产生的综合反应。色彩的舒适与疲劳感主要取决于色相，暖色给人以兴奋、活跃的感觉，刺激性强，容易使人产生疲劳感；冷色宁静、优雅，使人感觉舒适。其次取决于纯度，纯度高的色彩容易使人疲劳；纯度低的色彩使人感觉舒适，如图2-9和图2-10所示。

图2-9　容易视觉疲劳的服装色彩　　　图2-10　视觉感觉舒适的服装色彩

（6）消极与积极感。

色彩具有消极和积极的心理暗示作用，积极的色彩显示出乐观、阳光的视觉效果，消极的色彩显示出低调、内敛的个性。色彩的消极与积极感主要取决于纯度和明度，纯度高、明度高的色彩给人以积极感；纯度低、明度低的色彩给人以消极感。其次取决于色相，暖色给人以积极感；冷色给人以消极感，如图2-11和图2-12所示。

图 2-11　具有积极感的服装色彩　　　　　图 2-12　低调、内敛的服装色彩

3. 色彩的心理象征

（1）红色。

红色是三原色之一，属于暖色调。红色给人膨胀、扩张、鲜明、热烈的感觉，易造成视觉疲劳，引起人体血液循环加快，使人兴奋、紧张、激动。红色让人联想到红色的火焰和喜庆的节日，寓意吉祥、欢快、热情。红色服装色彩效果如图2-13所示。

（2）黄色。

黄色是最温暖的色彩，让人联想到阳光、沙滩、麦浪、灯光、酸酸的柠檬。黄色是所有色彩中最能发光的颜色，给人明亮、辉煌的感觉。黄色是古代帝王之色，让人联想到黄金，具有高贵、奢华的气质。同时，黄色还具有怀旧、浪漫、柔和的心理暗示作用，如图2-14所示。

（3）蓝色。

蓝色属于冷色调，具有凉爽、理智、开阔、深远的色彩感觉。无论深蓝色还是浅蓝色，都会使人联想到无垠的宇宙、广阔的大海和幽蓝的天空。深蓝色厚重、冷静；浅蓝色透明、清澈、清新。蓝色服装色彩效果如图2-15所示。

图 2-13　红色服装色彩效果

图 2-14　黄色服装色彩效果

图 2-15　蓝色服装色彩效果

（4）绿色。

绿色是植物草本的色彩，让人联想到森林、春天、树木发芽。绿色象征青春、成长与希望，给人以舒适、休闲、雅致、宁静的心理感受。其中深绿色稳重、宁静、优雅；中绿色舒适、明快；浅绿色清新、单纯。绿色服装色彩效果如图2-16所示。

（5）橙色。

橙色是黄色和红色的混合色，具有欢乐、辉煌、活泼的色彩感觉。橙色让人联想到金色的秋天、丰收的粮食、成熟的果实和美丽的晚霞。橙色具有温暖、温馨、浪漫的心理暗示作用。橙色服装色彩效果如图2-17所示。

图 2-16　绿色服装色彩效果

图 2-17　橙色服装色彩效果

（6）紫色。

紫色是由温暖的红色和冷静的蓝色调配而成的色彩，属于中性偏冷色调。在中国传统色彩中，紫色是一个高贵、富贵的色彩，与幸运、财富相关联，如北京故宫又称为"紫禁城"，亦有所谓"紫气东来"的说法。紫色使人产生神秘、浪漫的心理感受。紫色服装色彩效果如图2-18所示。

图 2-18　紫色服装色彩效果

（7）黑色。

黑色是最深的颜色，庄重而高雅，神秘而炫酷。黑色可以流露出典雅、神秘、深奥和酷炫感，有着令人溢于言表的感染力。黑色可以表达对宇宙的敬畏和向往，具有超越现实的梦幻和无穷的精神力量，象征着理智与严谨。黑色服装色彩效果如图2-19所示。

图 2-19　黑色服装色彩效果

（8）白色。

白色往往使人联想到冰雪、白云、棉花，给人以光明、质朴、纯真、轻快、恬静、整洁、卫生的感觉，象征着和平与神圣。白色是最纯净的颜色，在服饰中应用极为普遍。在中国古代，文人就常以素衣寄托自己的高洁品质；西方人举行婚礼，新娘的婚纱也是白色的，以表示纯洁无瑕的爱情。白色服装色彩效果如图2-20所示。

图2-20　白色服装色彩效果

（9）灰色。

灰色属于无彩色，没有色相和纯度，只有明度，介于黑色和白色之间，它不像黑色那么生硬，比黑色更加包容、内敛、低调、儒雅。灰色使人产生简朴、深沉、稳重、舒适的心理感受，是职场服饰常用的色彩。灰色服装色彩效果如图2-21所示。

图2-21　灰色服装色彩效果

（10）裸色。

裸色色调来源于感性的嘴唇、脸庞与身体，是与肤色接近的颜色，轻薄且透明，在不经意间流露出含蓄的性感魅力。肉色、米白色、淡粉色等单纯、清新的颜色都属于裸色系列。裸色也是风靡国际时尚 T 台的色彩。裸色服装色彩效果如图 2-22 所示。

图 2-22　裸色服装色彩效果

4. 不同色彩搭配的服装给人的情感体验

（1）红色与黑色搭配的服装情感体验。

红色与黑色的搭配非常耀眼，给人醒目、刺激的感觉。在服装时尚界，红与黑被公认为是最经典的搭配组合之一，黑色显得神秘、稳重，红色则热情、奔放，两色的结合，给人一种既喜悦、活泼，又成熟、含蓄的视觉效果，如图 2-23 所示。

图 2-23　红色与黑色搭配的服装色彩效果

（2）黄色与灰色搭配的服装情感体验。

黄色与灰色的搭配非常醒目、耀眼，黄色具有高贵、华丽、浓烈的视觉感受，在灰色的衬托下，多了一份内敛、包容的气质，给人以优雅、高贵的气度和品质，如图2-24所示。

图 2-24 黄色与灰色搭配的服装色彩效果

（3）黄色与绿色搭配的服装情感体验。

黄色与绿色的搭配清新、靓丽，黄色的色彩性格高傲、敏感，搭配自然、青春的绿色，给人以清爽、活泼、神采奕奕的视觉感受，如图2-25所示。

图 2-25 黄色与绿色搭配的服装色彩效果

（4）红色与蓝色搭配的服装情感体验。

红色与蓝色的搭配明快、亮丽，红色是暖色调的主色，热情、欢快，而蓝色是冷色调的主色，清爽、悠远。两个颜色的搭配自带运动属性，让这个色彩组合看上去更加俏皮、可爱，吸人眼球，如图2-26所示。

（5）红色与绿色搭配的服装情感体验。

红色与绿色的搭配活泼、欢快，红色与绿色是一对互补色，中国自古就有"红花需要绿叶衬"的说法。红色与绿色搭配可以表现出温暖而雅致的视觉效果，具有一种独特的气质和岁月的沉淀感，如图2-27所示。

三、学习任务小结

本次课讲解了色彩情感的概念和色彩的心理感觉，以及红色、黄色、蓝色、绿色、橙色、紫色、黑色、白色、灰色和裸色的心理象征，感受了不同色彩搭配给人的情感体验。课后，同学们要多收集服装色彩搭配作品，并从中归纳、总结出服装色彩搭配的方法，为今后的服装设计打下扎实基础。

四、课后作业

收集30幅服装色彩搭配图片，并制作成PPT进行分享。

图2-26　红色与蓝色搭配的服装色彩效果

图2-27　红色与绿色搭配的服装色彩效果

学习任务
二

服装色彩的视觉意象

教学目标

（1）专业能力：了解服装色彩视觉意象的基本概念，能运用色彩的视觉意象进行服装色彩设计。

（2）社会能力：能从色彩的视觉意象中归纳出服装色彩搭配技巧，能有效地收集服装色彩视觉意象设计案例。

（3）方法能力：具备资料收集、整理和应用能力，设计案例分析能力，创造性思维能力。

学习目标

（1）知识目标：色彩视觉意象的基本概念及其在服装色彩领域的应用方法。

（2）技能目标：能从色彩的视觉意象中总结出服装色彩设计的技巧。

（3）素质目标：能深度挖掘色彩视觉意象设计方法，提高服装色彩综合审美和设计能力。

教学建议

1. 教师活动

（1）教师通过展示和讲解服装色彩的视觉意象设计作品，提高学生对色彩视觉意象的直观认识和审美能力。

（2）引导学生发掘生活中的色彩视觉意象，并能够创造性地提炼和整理出来。

2. 学生活动

（1）选取运用了色彩视觉意象的服装设计作品进行深度分析，并现场展示和讲解，训练语言表达能力和综合审美能力。

（2）发掘日常生活中的服装色彩视觉意象作品，并形成系统资料，为今后的服装设计创作储备素材。

一、学习问题导入

"意象"的概念出自中国传统美学的范畴。"意"即"意境",是指在创作过程中设计者的个人感受、情致和意趣。"象"即"朦胧美",是指客观对象经设计者想象后的形象。在色彩设计中,"意象"是指设计者主观情感意愿与客观对象交融而成的心理形象。色彩意象表现强调的是人对客观对象的主观意念,表达形式上更趋向于人的情绪化和画面的意境化,注重设计者主观激情的释放,其本质是设计者面对客观对象的瞬间意念的表达。例如在冷色调的室内环境中,人们在室温15℃时就会感觉冷,而在暖色调的室内环境中,人们在室温11℃时才会感觉冷;又比如人们常说的"白色显胖、黑色显瘦"的穿衣"窍门",其实就是色彩在空间上的意象,如图2-28和图2-29所示。

图2-28 生活中的色彩温度视觉意象

二、学习任务讲解

1. 色彩视觉意象的基本概念

所谓视觉意象,就是人眼对客观物象的主观反映,它既受到物象外在特征的客观因素的影响,又受到人主观心理的影响。图2-30所示是缪勒莱耶错觉图,图中长度相等的a、b两条线,因受到客观和主观因素的影响,在我们的视觉中会认为a线段比b线段长。而色彩的视觉意象主要指人眼感觉器官在反映客观事物色彩时产生的幻觉和错觉,这些幻觉和错觉常常是人眼感受客观事物后受心理和生理影响的联想。如人长时间注视一个红色物体后,把视线移开到旁边的白色墙面上,会看到墙变成了绿色,即视觉色彩补偿现象。又如因周围参照对比颜色的纯度不一样,同一种颜色会给我们不一样的色彩纯度感受,如图2-31所示。

图2-29 生活中的色彩胀缩视觉意象

2. 色彩视觉意象的表现

色彩视觉意象表现就是设计者摒弃客观对象外在的色彩、造型及其物理特征,提取它的某一些色彩元素和造型元素加以强化、重构和再创造。或者直接从点、线、面出发,结合色彩、肌理等抽象要素,抒发情感,组合色彩。在这个过程中,需要把理性分析转化为情感体验,把客观色彩转化为主观创意色彩,把具象的表现递进到意象的演变,从而使色彩达到对心境的表情达意。

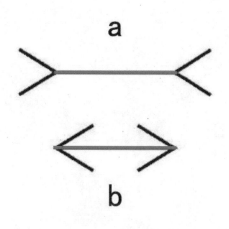

图 2-30 缪勒莱耶错觉

图 2-31 色彩纯度错觉

　　色彩作为一种物理现象，本身不带有任何的感性色彩和性格。而色彩经过人的视觉神经传达到大脑引起的心理反应，加上人类的生活经验，赋予了色彩不同的情感和性格。当色彩具备了这一属性后，就变成富有活力的元素，能够传达人的喜怒哀乐。当然这种色彩的意象表达并不是固定不变的，不同的纯度和明度变化，或处于不同搭配关系时，或应用到不同环境时，其意象表现的内容是不同的。色彩的视觉意象主要表现在色彩的温度、轻重、空间、情绪、质感等方面。

　　（1）色彩的温度意象。

　　色彩本身并没有温度感，是色彩在视觉上引发了人们对温度的心理联想而形成的。根据不同颜色对心理所产生的温度感知影响，颜色大体分为暖色调和冷色调两种。在暖色调中鲜艳的大红色温度最高，给人以温暖、炙热、热情似火的感觉；浅粉红色和紫红色则有温馨、浪漫的感觉，给人以浪漫、柔情的心理感受；橙红色和朱红色时尚、活跃，让人感受到青春与活力，如图 2-32 和图 2-33 所示。冷色调中的深蓝色深邃、理智；浅湖水蓝色轻柔、婉约；蓝紫色浪漫、纯情，如图 2-34 所示。

图 2-32 大红色和橙红色的色彩意象图

图 2-33 浅粉红色和浅紫红色的色彩意象图

图 2-34 浅蓝色和深蓝色的色彩意象图

（2）色彩的轻重意象。

色彩的轻重意象是指色彩产生的轻与重的重量感受。一般明度高的色彩会感觉更轻，明度低的色彩会感觉更重。如同一款连衣裙，白色连衣裙会让我们联想到飘浮在天上的白云，感觉更加轻盈；而黑色连衣裙会让人联想到石头、黑夜等，感觉更加沉重，如图2-35所示。

图2-35　色彩的轻重意象图

（3）色彩的空间意象。

色彩的空间意象是指色彩产生的体积大小的感受，色彩作用于人的视觉和心理会形成膨胀和收缩的感受。一般来说，暖色显得膨胀，体积较大；冷色显得收缩，体积较小。此外，明度高的浅色更具膨胀感，明度低的深色更具收缩感；纯度高的色彩膨胀，纯度低的色彩收缩，如图2-36和图2-37所示。

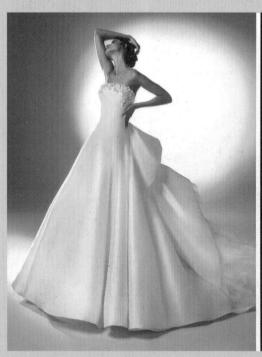

图2-36　色彩的空间意象图1

图2-37 色彩的空间意象图2

（4）色彩的情绪意象。

色彩的情绪意象是指色彩作用于人的心理产生的情绪变化。例如看到艳丽且高纯度的大红色、紫红色会受到强烈的视觉刺激，血液循环加快，产生兴奋的感觉，让人的情绪也变得更加愉悦、欢快；看到纯净的绿色和橙色会感受到一股青春的活力，产生舒适、清新的心理感受，如图2-38和图2-39所示。

图2-38 色彩的情绪意象图1

图 2-39　色彩的情绪意象图 2

（5）色彩的质感意象。

色彩的质感意象是指不同的色彩和肌理作用于人的视觉和心理产生的质感体验。鲜艳、明亮的高纯度色彩搭配光洁、精致的质感面料会让人感到华丽、富贵；内敛、含蓄的低纯度色彩搭配粗糙的质感面料会让人感到朴素、质朴。欧洲古代宫廷风服装会选择色彩艳丽、具有光亮感的面料进行制作，而田园风的服装常采用色彩淡雅、面料质朴的棉麻材质进行制作，如图 2-40 和图 2-41 所示。

图 2-40　礼服色彩的质感意象图

色彩的质感意象还可以通过一些特定的图案进行表达，例如在服装设计领域较为常见的朱伊图案、卡通动画图案、抽象或具象绘画图案等，如图2-42和图2-43所示。朱伊图案源于18世纪晚期，以人物、动物、植物、器物等构成的田园风光、劳动场景、神话传说、人物事件等连续循环图案为主题，制作在本色棉或麻布上。其流行于当年的宫廷内外，并受到法国国王路易十六的"王室厂家"的嘉奖，被称赞为"在印花图案历史上熠熠闪光的作品"。朱伊图案层次分明，造型逼真，形象繁多，刻画精细，并以正向图形表现，是最具绘画情节感的面料图案之一。

图2-41　波西米亚服装色彩的质感意象图

图2-42　朱伊图案服装色彩的质感意象图

图 2-43 抽象绘画图案服装色彩的质感意象图

（6）色彩的繁简意象。

色彩的繁简意象是指繁琐与简洁的色彩对人的视觉和心理产生的视觉体验。繁琐意味着丰富与饱满，其细节更加精致；简洁意味着纯粹与整体，去掉多余的装饰，让视觉感受更加舒适。例如服装设计师经常采用的拼接设计就是一种较为繁琐的设计手法，其对服装的色彩和面料进行大胆的重组和拼接，极大地提升了服装的视觉表现力，如图 2-44 和图 2-45 所示。

图 2-44 繁琐的拼接服装色彩意象图

图 2-45 简洁的服装色彩意象图

三、学习任务小结

通过本次课的学习,大家已经初步了解了色彩的视觉意象,对常见的色彩视觉意象也有了一定的认识。课后,同学们还要通过各种渠道多收集有关色彩视觉意象的资料和信息,并进行分类整理,通过进一步的研究和分析,提高自己的服装色彩设计能力。

四、课后作业

选择一种色彩视觉意象,根据其特征收集 20 幅相关的设计图片,制作成 PPT,下次课挑选 8 名同学进行现场讲演。

学习任务 三

服装色彩的采集与重构

教学目标

（1）专业能力：了解服装色彩采集与重构的方法，能从自然界和经典绘画作品中寻找色彩灵感，并应用到服装色彩设计中。

（2）社会能力：对自然界和经典绘画作品进行色彩观察，运用信息采集与分析的方法提取色彩元素，提高思维的敏锐度和洞察能力。

（3）方法能力：具备信息和资料收集能力，以及分析、提炼及应用能力。

学习目标

（1）知识目标：了解服装色彩采集与重构的方法。

（2）技能目标：能从自然界和经典绘画作品中采集色彩，并重构色彩。

（3）素质目标：能通过色彩采集与重构的训练，提升服装色彩设计能力。

教学建议

1. 教师活动

（1）教师通过前期收集的自然界和经典绘画作品的图片展示，提高学生对自然界和经典绘画作品的色彩直观认识。同时，讲授自然界和经典绘画作品色彩的采集与重构的学习要点及技巧，指导学生进行色彩采集练习。

（2）教师进行色彩采集与重构示范，并引导学生进行色彩采集与重构练习。

2. 学生活动

（1）学生在教师的指导下进行色彩采集与重构练习。

（2）学生将采集与重构的色彩应用于服装色彩设计中。

一、学习问题导入

学习色彩的采集与重构，是为了让我们能从自然界和经典绘画作品中总结色彩搭配的规律和技巧，并在此基础上进行创新，应用于服装色彩设计。色彩的采集与重构主要从两个方面进行，一是对自然色彩的采集与重构；二是对经典绘画作品色彩的采集与重构。

二、学习任务讲解

1. 色彩的采集与重构的概念

色彩的采集是指色彩的采摘与收集，是通过对自然色和人工色的采集和筛选，找出色彩搭配规律的过程。色彩的采集素材范围非常广泛，可以从自然界的植物、动物、风景、建筑物等方面入手。

色彩的重构是指将采集到的色彩元素注入新的组织结构中，使之产生新的色彩形象的过程。服装色彩重构是指将色彩重新组合，应用到服装色彩设计中。

2. 色彩的采集与重构的方法

（1）从自然界中采集与重构服装色彩。

大自然是杰出的调色师，通过研究自然界中色彩的变化规律，学会捕捉和采集自然界中变化丰富、多样复杂的色彩，能让自然色彩为设计创作所用，提升驾驭色彩的本领。自然界的色彩丰富多样、变幻无穷，有青翠的树木、绚烂的花朵、蔚蓝的大海、金色的沙漠、璀璨的星光、多样化的生物种群，及朝午暮夜、四季流转。自然色彩取之不尽、用之不竭，是最为丰富的色彩灵感来源。归纳起来主要包括植物色、动物色、矿物色以及微观物体色、景物色等。从自然界中采集与重构服装色彩，如图 2-46 ～图 2-49 所示。

图 2-46　从自然界中采集与重构服装色彩 1

图 2-47　从自然界中采集与重构服装色彩 2

图 2-48　从自然界中采集与重构服装色彩 3

图2-49　从自然界中采集与重构服装色彩4

（2）从经典绘画作品中采集与重构服装色彩。

　　在东西方美术的发展历程中，存在很多经典的绘画作品。西方绘画以油画为主，代表性的画派有古典主义、印象派、立体主义、抽象派等；东方绘画以中国画为代表，在几千年的历史长河中形成了以山水画、花鸟画和人物画为主要题材的绘画作品，享誉历史的画家更是层出不穷，星光熠熠。吸收和借鉴东西方经典绘画作品的色彩表现方法，有利于总结色彩搭配规律，为服装色彩设计汲取灵感。从经典绘画作品中采集与重构服装色彩，如图2-50～图2-55所示。

图2-50　从毕加索立体主义绘画作品中采集与重构服装色彩

图 2-51　从敦煌壁画经典绘画作品中采集与重构服装色彩

图 2-52　从莫兰迪经典绘画作品中采集与重构服装色彩

图 2-53　从蒙德里安抽象绘画作品中采集与重构服装色彩

图 2-54　从梵高印象派绘画作品中采集与重构服装色彩

图 2-55　从雷诺阿印象派绘画作品中采集与重构服装色彩

三、学习任务小结

通过本次课的学习，同学们已经初步了解了服装色彩的采集与重构的方法，能够独立完成对自然界和经典绘画作品色彩的采集和重构。课后，大家要进行色彩采集和重构练习，提升自身的服装色彩设计与搭配能力。

四、课后作业

每位同学采集 10 张不同种类的自然界和经典绘画作品色彩，并制作成 PPT 进行分享。

项目三
服装色彩搭配及实训

学习任务 一

同类色、类似色服装色彩搭配

教学目标

（1）专业能力：了解同类色、类似色在服装色彩中的基本概念及特征，认识同类色、类似色在服装设计及服装搭配中的作用。

（2）社会能力：了解同类色、类似色在艺术设计领域中的运用方法，提高艺术审美能力。

（3）方法能力：具备资料收集、创意思维、语言表达及沟通协调能力。

学习目标

（1）知识目标：了解同类色、类似色在服装色彩中的概念、特征及其应用方法。

（2）技能目标：认识同类色、类似色在服装设计及服装搭配中的作用。

（3）素质目标：理解同类色、类似色的社会属性，深入挖掘同类色、类似色在服饰文化中的运用，提高艺术修养。

教学建议

1. 教师活动

（1）教师讲解同类色、类似色的基本概念，提高学生对同类色、类似色的认知。

（2）引导学生分析同类色、类似色在服装设计领域的应用案例。

2. 学生活动

在教师的引导下进行同类色、类似色服装色彩搭配训练。

一、学习问题导入

同类色、类似色的搭配是服装色彩设计中最为简单和纯粹的色彩搭配方法,其优点在于可以实现色彩的和谐统一,给人以协调、舒适、含蓄、稳重的色彩视觉效果。但是,同类色、类似色的色彩也存在单调、呆板的视觉效果,因此,如何在协调的基础上避免同类色、类似色色彩的单调,就需要在细节上进行设计。

二、学习任务讲解

1. 同类色概念

同类色是指同种色相的色彩,其色相相同,明度和纯度有一定的变化。在色相环中,同类色是在 15° 夹角内的颜色,例如深红色与大红色、朱红色、橙红色组成的红色系列;深蓝色与浅蓝色、天蓝色组成的蓝色系列等。同类色示意图如图 3-1 所示。

2. 同类色服装色彩搭配的规律

同类色的服装色彩搭配方法如下。

（1）采用色相相同、明度和纯度不同的色彩形成协调的色彩效果。

（2）采用色相和纯度相同、明度不同的色彩形成色彩的渐变和推移效果。

（3）采用色相和明度相同、纯度不同的色彩形成色彩的空间混合效果。

同类色服装色彩搭配如图 3-2 和图 3-3 所示。

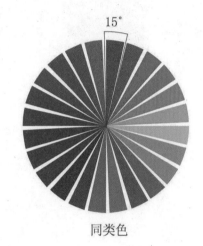

图 3-1　同类色示意图

图 3-2　同类色服装色彩搭配 1

图 3-3 同类色服装色彩搭配 2

3. 类似色概念

类似色又称相似色，是指相类似或近似的色彩，其在色相环上是 45°夹角以内的颜色。例如红色与橙色、黄色与绿色等。类似色色彩相近，整体呈现协调感，但也有一定的色彩差别，给人以柔和、宁静的色彩视觉效果。类似色示意图如图 3-4 所示。

4. 类似色服装色彩搭配的规律

类似色的服装色彩搭配方法如下。

（1）在类似色搭配中，通常用一种色彩占主导地位，其他一种或两种色彩作为变量丰富整体色彩效果。即确定一个色彩作为主色调，其所占面积较大，其他色彩作为辅助色彩，所占面积较小。

（2）在类似色搭配中，可以通过变化明度的方式来增加和减弱色彩的对比度。

类似色服装色彩搭配如图 3-5 和图 3-6 所示。

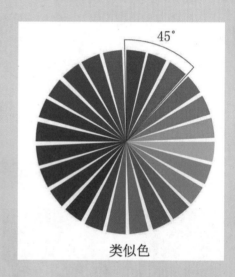

图 3-4 类似色示意图

图 3-5 类似色服装色彩搭配 1

图 3-6 类似色服装色彩搭配 2

三、学习任务小结

通过本次课的学习，大家已经初步了解了同类色、类似色色彩的概念及其在服装色彩设计领域的应用方法。课后，同学们还要通过各种渠道多收集有关同类色、类似色色彩应用于服装色彩设计的图片和案例，并进行分类整理，提高自己的服装色彩设计能力。

四、课后作业

收集 20 幅同类色、类似色服装色彩设计图片，制作成 PPT 进行分享。

对比色、互补色服装色搭配

教学目标

（1）专业能力：了解对比色、互补色在服装色彩中的基本概念及特征，认识对比色、互补色在服装设计及服装搭配中的作用。

（2）社会能力：了解对比色、互补色在艺术设计领域中的运用方法，提高艺术审美能力。

（3）方法能力：具备资料收集、创意思维、语言表达及沟通协调能力。

学习目标

（1）知识目标：了解对比色、互补色在服装色彩中的概念、特征，以及应用方法。

（2）技能目标：认识对比色、互补色在服装设计及服装搭配中的作用。

（3）素质目标：理解对比色、互补色的社会属性，深入挖掘对比色、互补色在服饰文化中的运用，提高艺术修养。

教学建议

1. 教师活动

（1）教师讲解对比色、互补色的基本概念，提高学生对对比色、互补色的认知。

（2）引导学生分析对比色、互补色在服装设计领域的应用案例。

2. 学生活动

在教师的引导下进行对比色、互补色服装色彩搭配训练。

一、学习问题导入

对比色、互补色的搭配是服装色彩设计中视觉效果较为突出的色彩搭配方法，其优点在于色彩对比强烈，给人以明快鲜明的色彩视觉效果。由于对比色、互补色的色彩对比强烈，因此，如何在对比的基础上进行协调、统一，就需要进行合理的色彩规划。

二、学习任务讲解

1. 对比色概念

对比色是指两种或两种以上具有明显差别的色彩，在色相环中，对比色是在120°夹角内的颜色，例如红色与黄色、黄色与绿色等。对比色示意图如图3-7所示。

2. 对比色搭配规律

对比色的服装色彩搭配方法如下。

（1）色相对比：是指两种以上的色彩组合后，由于色相差别而形成的色彩对比效果，其强弱的对比程度取决于色相之间在色环上的距离，距离越小对比越弱，反之则越强。

（2）明度对比：是指色彩的明暗程度的对比，也称色彩的黑白度对比。

（3）纯度对比：是指色彩的鲜灰程度对比。

对比色的服装色彩搭配如图3-8～图3-10所示。

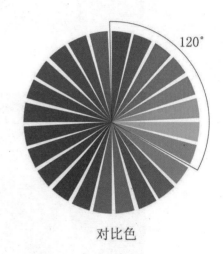

图3-7 对比色示意图

图3-8 色相对比的服装色彩搭配

图 3-9 明度对比的服装色彩搭配

图 3-10 纯度对比的服装色彩搭配

3. 互补色概念

互补色是在色相环中成 180° 对角的颜色，具有强烈的色彩对比效果和视觉冲击力。例如黄色与紫色、红色与绿色、蓝色与橙色。互补色示意图如图 3-11 所示。

4. 互补色搭配规律

互补色的服装色彩搭配方法如下。

（1）色相互补：主要是指黄色与紫色、红色与绿色、蓝色与橙色三组色彩组合。

（2）明度互补：是指在色相互补的基础上，将其中一种颜色的

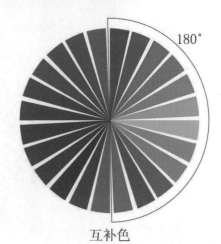

图 3-11 互补色示意图

明度加强或减弱的方法。例如在黄色与紫色的互补色搭配中，将紫色的明度降低，这样可以使黄色更加鲜明。

（3）纯度互补：是指在色相互补的基础上，将其中一种颜色的纯度加强或减弱的方法。例如在红色与绿色的互补色搭配中，将绿色的纯度降低，这样可以使红色更加鲜明。

互补色的服装色彩搭配如图 3-12 和图 3-13 所示。

图 3-12　互补色服装色彩搭配 1

图 3-13　互补色服装色彩搭配 2

三、学习任务小结

通过本次课的学习，大家已经初步了解了对比色、互补色色彩的概念，以及在服装色彩设计领域的应用方法。课后，同学们还要通过各种渠道多收集有关对比色、互补色色彩应用于服装色彩设计的图片和案例，并进行分类整理，提高自己的服装色彩设计能力。

四、课后作业

收集 20 幅对比色、互补色服装色彩设计图片，制作成 PPT 进行分享。

服装综合配色实训

教学目标

（1）专业能力：能根据服装美学规律进行单色、双色、多色的服装色彩搭配；能根据不同的服装风格进行套装色彩搭配。

（2）社会能力：能通过课堂师生问答、小组讨论，提升学生的表达与沟通能力。

（3）方法能力：具备色彩设计能力、艺术审美能力。

学习目标

（1）知识目标：了解单色、双色、多色服装的配色方法。

（2）技能目标：能运用综合配色法进行服装色彩设计。

（3）素质目标：具备一定的自学能力、概括与归纳总结能力。

教学建议

1. 教师活动

教师通过收集和展示服装单色配色、双色配色及多色配色的优秀案例，讲解其配色的方法和技巧，提高学生对服装配色的认知，提升学生的艺术想象力和感性思维能力。

2. 学生活动

学生在教师的指导下进行单色、双色、多色服装色彩搭配练习。

一、学习问题导入

同学们，大家好！本次课我们将学习服装综合配色的方法。服装色彩往往是服装给人的第一印象和最直观的感受。服装配色是一种创造性的审美活动，任何一种颜色在人的内心世界都能唤起思维的跳跃，所以选择不同的色彩来塑造自我，是人们个性、文化修养、经历的表达方式。作为未来的服装设计师，我们要学会用色彩来表达设计，并讲述设计作品的故事，展现穿着者的个性和魅力。那应该如何综合运用色彩来表现服装呢？本次课老师将带领大家一起进行综合配色练习。

二、学习任务讲解

1. 单色配色

单色配色是指采用单独或同一色系的色彩进行服装配色的方法。单色服装的配色要根据人的体型、年龄、性别、职业等进行综合考虑。

（1）无彩色系列服装配色。

无彩色系列是指以黑色、白色和灰色为主的色系。黑色给人以稳重、严肃的感觉，胖体型的人穿黑色服装有变瘦的感觉。各种质地、肌理的黑色服装可以让人的肤色更洁白，使着装者显得文质彬彬，具有学者风度。白色具有简洁、纯净的视觉效果，白色着装让人清爽、干净，显示出理智与自信。灰色更具儒雅、专业的气质，灰色服装意蕴深厚，可使穿着者显得持重、老成。灰色的西服、夹克、套裙在社交场合穿用，能产生一种优雅的气度。无彩色系列服装配色时为防止单调，可以在色彩的明度上体现一定的变化，通过明度的提高和降低让服装的色彩更有层次感。无彩色系列服装色彩搭配，如图 3-14 所示。

图 3-14　无彩色系列服装色彩搭配

（2）高纯度服装配色。

高纯度服装是指色彩纯度和彩度较高的色彩服装，例如大红色、柠檬黄色、群青蓝色等。高纯度的色彩亮丽、光鲜，显得个性十足，显示出穿着者饱满、乐观的精神气质。从色彩性格来说，红色具有妩媚、艳丽、激情的特点；柠檬黄色能产生飘逸、跃动、华美的感觉；群青蓝色则显得理智、稳重。

高纯度的绿色、紫色、粉色系列服装均具有中性色的性质。白肤色的青年人穿黄绿色的服装，有一种欣欣向荣的清爽意味；黑肤色的人穿上孔雀蓝或黄绿色的服装，会产生一种冰冷、孤独的意味。华丽的孔雀绿、高雅的橄榄绿、深沉的苔绿等各色服装都有一种复杂、细微的表情，别具一格，选择时一定要以肤色的明度变化为依据。紫色服装具有一种神秘、浪漫的情调，紫红色的服装具有高贵、华丽、妖娆、妩媚的感觉，高纯度的紫色套装更具有典雅、甜美的女性魅力。高纯度服装色彩搭配，如图 3-15 和图 3-16 所示。

图 3-15　高纯度服装色彩搭配 1

图 3-16　高纯度服装色彩搭配 2

（3）高明度服装配色。

高明度服装是指色彩明度较高的色彩服装，例如浅粉红色、浅湖水蓝色、裸色等。高明度的服装色彩可以让穿着者神清气爽、神采奕奕，展现出简洁、干练、高调的性格特征，非常适合职业套装的色彩选择。高明度的粉色套装是年轻女性的理想服装色彩，产生一种迷人、柔媚的感觉。高明度的浅湖水蓝色是职场人士的理想服装色彩，体现出一种严谨、理智、优雅的气质。高明度服装配色，如图 3-17 和图 3-18 所示。

图 3-17　高明度粉色系列服装色彩搭配

图 3-18　高明度浅湖水蓝色系列服装色彩搭配

2. 双色配色

双色配色是指采用两种色彩进行服装配色的方法。具体可以采用以下方法进行配色。

（1）明度配色。

在双色配色中可以通过明度的变化体现层次感。上浅下深的色彩搭配给人以稳重、严谨的感觉；上深下浅的色彩搭配给人以有个性、特立独行的感觉；外深内浅的色彩搭配给人以庄重、稳定的感觉；外浅内深的色彩搭配给人以包容、豁达的感觉。双色明度配色服装色彩搭配，如图 3-19 和图 3-20 所示。

图 3-19　双色明度配色服装色彩搭配 1

图 3-20　双色明度配色服装色彩搭配 2

（2）色相配色。

在双色配色中也可以通过色相的变化来进行配色。如用橙色与蓝色的对比色相进行搭配，则红色的更红、蓝色的更蓝，让穿着者兼具气质与才情。又如以蓝色与紫色进行协调色彩搭配，则形成了统一中有变化的效果，丰富了服装的内涵，展现出穿着者优雅的气度。双色色相配色服装色彩搭配，如图 3-21 和图 3-22 所示。

图 3-21　浅蓝色 + 橙红色服装色彩搭配　　　　　图 3-22　蓝紫色 + 宝石蓝色服装色彩搭配

（3）纯度配色。

在双色配色中还可以通过纯度的变化来进行配色。如用含灰色调的色彩做底色，搭配纯度较高、较为鲜艳的主体色，形成色彩的鲜灰搭配。这种色彩搭配方法可以让穿着者展现出既含蓄、内敛，又大方、自信的视觉效果。双色纯度配色服装色彩搭配，如图 3-23 所示。

3. 多色配色

多色配色的搭配方式是指采用三种或三种以上的色彩进行服装色彩搭配的方法。由于色彩较多，容易出现色彩的杂乱无章，因此，需要对色彩进行合理的搭配与组合。多色配色往往需要先确定一个色彩作为主色调，然后其他的色彩围绕主色调进行色彩点缀。具体配色方法有以下几种。

（1）双色搭配无彩色。

双色搭配无彩色即以无彩色为底色，搭配两种或多种有彩色，并形成纯度和明度上的变化，如图 3-24 所示。

图 3-23 双色纯度配色服装色彩搭配

图 3-24 双色搭配无彩色

（2）主色调结合色彩的穿插与混合。

主色调结合色彩的穿插与混合即以一种色彩作为主色调，在色彩面积上占绝对优势，同时，其他色彩相互穿插，形成色彩的空间混合，如图 3-25 所示。

图 3-25　主色调结合色彩的穿插与混合

（3）统一明度和纯度。

统一明度和纯度即通过统一服装色彩的明度和纯度让所有色彩形成协调关系，这种色彩搭配方法可以让各种色彩有机地衔接，形成协调统一的视觉印象，如图 3-26 所示。

图 3-26　统一明度和纯度

4. 服装与装饰配件的配色

能与服装相配的饰物与配件种类很多，特别是女装配件，更是琳琅满目，从头至脚几乎无所不包。主要有首饰、纽扣、鞋、帽、袜、手套、围巾、领带、腰带、钱包、提袋、眼镜，等等。就首饰而言，还可分为发夹、项链、耳环、戒指、领针、胸针、手镯等。这些装饰配件的配色是服装整体色彩的重要组成部分，往往起到画龙点睛的作用。装饰配件的色彩可以与服装的主色调相协调，让整体穿着更加流畅、统一；也可以通过色彩和材质的对比形成点缀效果，彰显出穿着者的个性和品位。服装装饰配件，如图 3-27 和图 3-28 所示。

图 3-27　服装装饰配件 1

图 3-28　服装装饰配件 2

三、学习任务小结

通过本次课的学习，同学们对服装配色的方法有了一定的认识，通过赏析优秀的服装色彩搭配作品，提高了自身的服装色彩设计能力。课后，同学们要多收集服装色彩搭配图片和案例，分析其色彩搭配规律，深入挖掘服装色彩搭配的方法，全面提高自己的服装色彩搭配能力。

四、课后作业

收集单色、双色、多色服装色彩搭配图片 30 张，制作成 PPT 进行分享。

项目四
色彩在服饰行业中的运用及赏析

服装色彩流行资讯的收集与欣赏

教学目标

（1）专业能力：了解流行色特征和国际流行色主要发布机构，掌握服装公司流行色选择与分析方法。能收集服装色彩流行资讯并整理归类。

（2）社会能力：关注日常生活中的服饰色彩，收集服装色彩设计案例。能够运用所学知识分析服装设计中色彩应用案例，并能口头表述服装流行色要点。

（3）方法能力：具备信息和资料收集能力、审美能力、设计案例分析能力。

学习目标

（1）知识目标：了解流行色特征和国际流行色主要发布机构，掌握服装流行色资讯收集要领。

（2）技能目标：能够有效地收集服装流行色资讯，并创造性地进行提炼、归纳。

（3）素质目标：能够大胆、清晰地表述收集的服装流行色资讯，具备团队协作能力和语言表达能力，培养自己的综合职业能力。

教学建议

1. 教师活动

（1）教师讲解流行色特征、国际流行色主要发布机构等知识点，让学生对服装流行色形成初步认识。

（2）教师通过前期收集的服装流行色资讯进行图片和视频展示，提高学生对流行色的直观认识。同时，运用多媒体课件讲授服装流行色资讯收集的学习要点，指导学生分组收集资料并整理归纳。

（3）教师通过优秀作业展示，让学生切实感受收集服装色彩流行资讯和整理归纳的过程，同时提高学生的优越感和审美能力。

2. 学生活动

（1）学生认真聆听教师讲解流行色特征和国际流行色主要发布机构。

（2）学生分组完成课堂实训任务，并进行现场展示和讲解，训练语言表达能力和沟通协调能力。

一、学习问题导入

播放"2021服装流行色发布会"视频，导入本次课程内容，激发学生学习兴趣。

二、学习任务讲解

1. 流行色特征

流行色是指一定时期、一定地域内普遍受到人们喜爱的色彩或色调。流行色概念自提出至今，越来越被人们所熟知，并且广泛应用于设计，如今流行色已经进入生活的方方面面。从其概念本质出发，流行色的特征可归纳为时效性、区域性、经济性、季节性和周期性。

2. 国际流行色主要发布机构

国际流行色组织机构有国际流行色委员会（International Commission for Color Fashion and Textiles，INTERCOLOR）、国际流行色权威（International Color Authority，ICA）、国际羊毛局（International Wool Secretariat，IWS）、美国国际棉花协会（Cotton Council International，CCI）等。

3. 服装公司流行色选择与分析方法

专业机构发布的流行色对各服装品牌实际的设计生产有着重要的指导作用，可以为其服装设计和制作提供参考。不同服装公司在设计生产中，依据专业机构发布的流行色，总结流行色使用的规律，结合自身品牌的定位、风格、特点以及当季的主题，对流行色加以适当的调整和再利用。

4. 服装色彩流行资讯的收集方法

（1）时尚资讯主题网站收集法。

① 服饰流行前线：https://www.pop-fashion.com/。

服饰流行前线是一家中文服饰设计资讯类网站，专为服装企业以及设计师提供服装款式方面的流行资讯，内容新颖时尚。目前栏目有服装发布会、秀场提炼、设计书稿、款式流行、款式细节、名牌跟踪、商场爆款、橱窗陈列、街头时尚、服装杂志、趋势分析、品牌画册等，每日更新资料图片上万张，如图4-1所示。

图 4-1　服饰流行前线官网首页

② 蝶讯网：http://www.diexun.com/。

蝶讯网成立于2005年，是一家专注于时尚产业生态圈建设的创新型互联网平台。蝶讯网包含蝶讯时尚资讯、蝶讯时尚教育、DCI云源创三大板块资源，及时提供时装秀、服装款式设计以及米兰、伦敦等知名时装发布会，如图4-2所示。

③ 海报时尚网：http://www.haibao.com/。

海报时尚网（简称海报网）创建于2007年，开创了时尚互动媒体形式，被媒体同行盛誉为"中国进入奢侈品时代前夜的一间国际品牌大教室"。海报时尚网以犀利的时尚视角和海量的精美大图而著称，这里既有一线国际时尚大牌的潮流风向，也有冷酷潮牌的最新动态，是众多时尚专业媒体人和时尚爱好者最信赖的"时尚大词典"，如图4-3所示。

图4-2 蝶讯网 官网首页

图4-3 海报网内页

（2）服装专业论坛收集法。

① 穿针引线：http://www.eeff.net/。

穿针引线建立于2001年，拥有全球最大、最具人气的专业服装论坛，是业内人士交流、学习、互动的平台。此论坛现设有"服装设计大区""服装信息""流行趋势""服装主版""服装应用与设计""服装设计师""服饰相关""地方分会""休闲区""引线牵手""社区服务"等版块，其中最大的版块为服装设计大区。穿针引线搭建了服装行业最大的沟通、交流和互动的平台，获得了服装企业广泛的认可和好评，如图4-4所示。

图 4-4　穿针引线服装论坛首页

② YOKA 时尚论坛：www.yoka.com。

YOKA 时尚论坛是中国知名的时尚论坛，汇集了数百万条网友心得，内含晒货殿堂、美容护肤、名品试用、潮流搭配等数十个精品论坛版块，是时尚潮人的首选社区。YOKA 的定位是高端品牌消费和高品质时尚，通过"秀场"单元可以查看各大时装周发布会及秀场细节资讯，YOKA 时尚论坛首页，如图4-5所示。

图 4-5　YOKA 时尚论坛首页

（3）其他网站收集法。

在百度、360、优酷视频、腾讯视频、爱奇艺等非服装专业网站，输入"服装设计""秀场""时装周""女装款式"等关键字进行搜索，亦可收集到许多有价值的图片、视频等资料。

（4）时尚杂志收集法。

① 日韩杂志。

GAL 系：PINKY、Sweet、GLAMOROUS、昕薇。

少女街头系：nonno、mina、Seventeen、Soup、Céci 姐妹。

日韩杂志封面，如图 4-6 所示。

图 4-6　日韩杂志封面

② 欧美时尚杂志。

欧美时尚杂志包括 THE FACE（英国）、FRED CARLIN INTERNATIONAL(法国)、HERE AND THRER(美 国)、FASHION DOSSIER(美 国)、FORCAST AMERICA(美 国)、INTERNATIONAL TEXTILE(荷兰)、ZES STUDIO(意大利)、BLOC NOTE(法国)、PROMOSTYL(法国)、TEXTILE VIEW(荷兰) 等。

欧美时尚杂志封面，如图 4-7 所示。

图 4-7　欧美时尚杂志封面

5. 服装色彩流行趋势预测与欣赏

（1）Pantone2021年的主要颜色。

Pantone色彩研究所宣布了2021年的顶级色彩，称为"终极灰色"和"发光黄色"，如图4-8所示。因此，被称为2020年颜色的经典蓝色将被灰色和黄色色调的预测组合所取代，这种组合在2021年春夏许多品牌的系列中都可以找到，包括Prada、Gucci、Balmain、Givenchy。

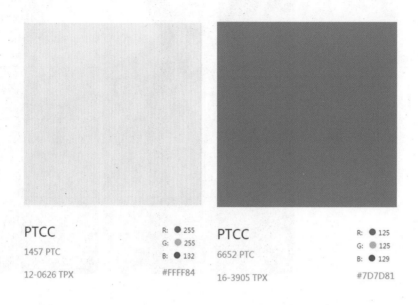

图4-8 Pantone色彩：发光黄色、终极灰色

（2）2022年春夏服装色彩流行趋势预测与欣赏。

2022年春夏色彩流行趋势会延续2021年的色彩情绪，偏向治愈系色彩。摒弃艳丽浮华的人工基调，更多的是贴近自然的温和色彩。

① 黄油黄。

顺应流行色彩的基调与流行趋势，2022年黄色将会继续作为春夏核心色彩，轻柔、温和的黄油色不仅适用于高定女装，也适用于童装和家居服饰。黄油黄可以利用柔和色彩的心理抚慰作用，平和心情，稳定情绪，如图4-9所示。

图4-9 黄油黄

② 军绿灰。

军绿灰自带宁静、平和的色彩情绪，用贴近自然的原生色调抚平焦躁情绪，带来和谐之美，成为 2022 年春夏的主流核心色彩。军绿灰作为中性色调，男女装均适用，甚至可能流行在彩妆上，如图 4-10 所示。

图 4-10　军绿灰

③ 经典蓝。

经典蓝象征着稳定、和平、自信，同时象征深思和理智，将是 2022 年春夏核心色彩之一。海洋之蓝，沉稳而独有神秘气息，具有稳定的色彩情绪，可打造脱俗而不离世的时尚气质，如图 4-11 所示。

图 4-11　经典蓝

④ 紫草红。

在玫红中添加了紫调、在深粉中添加蓝调、在紫色中添加红调，从而调制出独特的紫草红。鲜艳的紫草红浪漫、妩媚，充满活力，如图 4-12 所示。其醒目的色调作为核心色彩将在 2022 年春夏再次席卷女装及彩妆领域。

⑤ 芒果橙。

芒果橙拥有新鲜水果般的健康与活力，自带热带风情，可以舒缓压力，展现时尚魅力，如图 4-13 所示。芒果橙最宜用作泳装、度假裙、包袋等装点性搭配。

图 4-12　紫草红

图 4-13　芒果橙

三、学习任务小结

本次课讲解了流行色特征和国际流行色主要发布机构等知识点，并运用多媒体课件进行图片和视频展示，讲授了服装流行色资讯收集的学习要点，同时指导了同学们分组收集资料。课后，同学们要按时完成作业，并上传至云课堂，全班同学评选出优秀作品，由该组负责人上台进行作品展示、讲解，最后由教师对优秀作品进行点评。

四、课后作业

以小组为单位（每组 5 人），搜集 2022 年春夏童装色彩流行资讯，并整理归纳，制作成 PPT 进行分享。

色彩在服装产品设计中的运用

教学目标

（1）专业能力：能够收集流行色，提取出合适的色彩，并运用到服装设计中。

（2）社会能力：关注日常生活中的色彩，能在服装产品设计中灵活运用色彩。

（3）方法能力：具备信息和资料收集能力、审美能力、色彩运用能力。

学习目标

（1）知识目标：掌握流行色在服装设计中的运用方法。

（2）技能目标：掌握服饰色彩搭配的方法。

（3）素质目标：具备语言表达能力及沟通协调能力，培养综合职业能力。

教学建议

1. 教师活动

（1）教师讲解流行色在服装色彩搭配中的运用方法，让学生对服装色彩设计形成初步认识。

（2）教师通过前期收集的服饰色彩图片和视频展示，提高学生对服饰色彩的直观认识。同时，运用多媒体课件讲授服装色彩搭配的方法，指导学生收集资料并整理归纳。

（3）引导学生发掘中国历朝历代服饰的经典配色，继承并发扬传统服饰文化。

2. 学生活动

（1）认真聆听教师的讲解，分析服装色彩搭配知识并积极思考，形成良性互动。

（2）查阅相关资料，深度解析色彩在服装产品设计中的运用方法。

一、学习问题导入

从古至今，服装色彩都有着丰富的文化内涵，并给人以不同的视觉感知。色彩搭配作为服装设计的重要内容，是最直观、也是最具表现力的服装设计因素。正是因为服装有了绚丽多样的颜色才使得服装设计更加多姿多彩。服装色彩搭配如图4-14所示。

二、学习任务讲解

服装色彩同人的肤色、体型、年龄、个性等有着相互制约和相互补充的关系。因此，色彩在服装上的运用显得颇为重要。

1. 将色彩运用到服装产品设计中的意义

将色彩运用到服装设计中，可以加强服装带给人们的感官刺激。不同的色彩会给服装带来不一样的风格和样貌。明亮的色彩可以使服装更加活泼、亮丽，表现出积极、乐观的性格特征，如图4-15所示。深沉的色彩显得成熟、稳重，表现出儒雅、内敛的性格特征，如图4-16所示。

图4-14 服装色彩搭配

图4-15 明亮的色彩

图4-16 沉稳的色彩

色彩也代表了时代的流行趋势。不同的年代，流行的色彩也不一样，色彩一直紧跟时代潮流，展现出特定年代人的精神品质，不同年代的服饰搭配，如图 4-17 ～图 4-19 所示。

图 4-17　80 年代服饰搭配　　　　图 4-18　90 年代服饰搭配　　　　图 4-19　21 世纪服饰搭配

2. 色彩在服装产品设计中的运用方法（以童装为例）

（1）收集专业机构发布的流行色。

收集权威机构发布的童装流行色，并进行整理、归纳，提取出符合公司品牌定位的潘通色号或者面料小样，张贴在展板上。潘通色卡为国际通用的标准色卡，涵盖印刷、纺织、塑胶、绘图、数码科技等领域的色彩沟通系统，如图 4-20 所示。

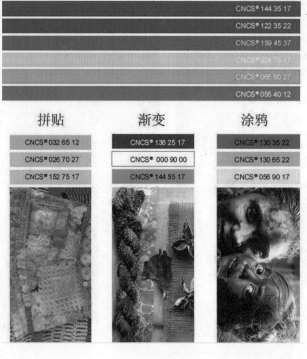

图 4-20　童装流行色收集

（2）收集服装市场流行色。

深入国内外的商场和批发市场，进行服装品牌的调研，重点收集与公司品牌类似风格的产品流行色，如图4-21所示。

（3）收集本公司店铺色彩信息。

到公司店铺站店、调研，仔细观察、了解消费者需求和喜好，把季度销售业绩好的款式集中起来进行分析，提炼畅销款的色彩特点，如图4-22所示。

图4-21　同类童装品牌流行色

图4-22　本公司店铺畅销服饰色彩

（4）确定当季品牌流行色。

结合以上收集的国际流行色、同类品牌流行色和本公司店铺流行色信息进行分析，归纳整理出最适合公司品牌的当季流行色彩，在设计过程中可根据市场情况适时调整，如图4-23所示。

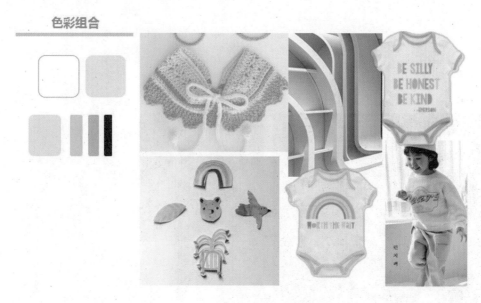

图4-23 品牌当季流行色确定

（5）服饰色彩搭配技巧。

色彩是服装给人最直观的视觉感受，在设计过程中，一定要注意不同品类适合的颜色，并且做好上下装、配饰品的色彩搭配，如图4-24所示，利用不同的色彩明度突出季节特点。春夏服装应使用明度较高的色彩，可以体现出春夏季节阳光明媚的特点。秋冬则是成熟、收获、寒冷的季节，因此服装搭配不仅要讲究保暖性能，还需使用暖色调，与季节形成较为匹配的氛围。另外，服装搭配对色彩的契合程度也有一定的要求，例如黄色属于明亮的色调，可用于春夏；深蓝色和墨绿色可以极大地降低色彩的明度，用于冬季更为适宜。

图4-24 服饰色彩搭配

3.流行色在中国古代服装中的运用

古代王族和平民的流行色变化周期较长。据古籍记载，夏代尚黑，如图4-25所示。周代尚赤，春秋战国时期喜紫。秦朝盛行黑色，寓意政权稳固、统治长久之意，如图4-26所示。汉服尚红，百姓则以穿本色布者居多。魏晋南北朝时期，朱、紫、玄、黄都流行。隋唐之后，朱、绛成为高官显贵的服色，同样也是妇女的裙色。唐代妇女穿石榴红裙者多，如图4-27所示。元代的色彩以黑、紫、绀等色为主。明代民间紫、绿、桃红、白色等比较流行，禁用大红、鸦青、黄等色彩。清代妇女的外套，吉服用元青，裙子大都用大红、湖色、雪青等色彩，如图4-28所示。

历代的帝王几乎都是用黄色作为服装色彩，如图4-29所示。文武百官的服装色彩也有其严格的品位区别，这些色彩庶民百姓是被禁用的。

图4-25 夏代服饰　　　图4-26 秦朝服饰　　　图4-27 唐代服饰　　　图4-28 清朝服饰

图4-29 清朝皇帝服装

三、学习任务小结

本次课通过讲解流行色的提炼及其在服装色彩设计中的运用，让学生对服装色彩有了专业的认知，了解了不同的服装色彩搭配形式。课后，大家要收集更多有关服装色彩搭配方面的资料图片，并深入研究，不断提高自身的服装色彩运用水平。

四、课后作业

设计三套年轻时尚女装，包含内搭、外套、短裙等品类，将流行色运用其中，做好服饰色彩搭配，制作成PPT进行分享。

学习任务 三

色彩在服装商品陈列中的运用

教学目标

（1）专业能力：能认识色彩在服装商品陈列中的重要地位，了解服装色彩陈列的基本方法和技巧。

（2）社会能力：关注日常生活中服装陈列的色彩运用案例，收集优秀的线上、线下服装店铺的服装色彩陈列案例，能够运用所学知识分析各类案例，并能口头表述其设计要点。

（3）方法能力：具备信息和资料收集、整理和归纳能力，以及设计案例分析、提炼及应用能力。

学习目标

（1）知识目标：掌握色彩在服装商品陈列中的运用方法和技巧。

（2）技能目标：能够运用色彩规律进行服装陈列设计。

（3）素质目标：能够大胆、清晰地表述服装色彩陈列设计作品，具备团队协作能力和一定的语言表达能力，培养综合审美能力。

教学建议

1. 教师活动

（1）教师通过优秀的线上、线下店铺中服装色彩陈列作品图片展示，提高学生对服装色彩陈列的直观认识。同时，运用多媒体课件、教学视频等多种教学手段，讲授服装色彩陈列的学习要点，指导学生进行服装色彩陈列设计。

（2）教师通过对优秀服装色彩陈列设计作品的分析和讲解，让学生感受如何从日常生活和各类型设计案例中提炼服装色彩陈列设计元素，并创造性地进行借鉴与运用。

2. 学生活动

（1）收集优秀的线下和线上店铺经典服装色彩陈列设计案例进行分析讲解，训练自己的语言表达能力和沟通协调能力。

（2）将服装色彩陈列作业做成 PPT 的形式，积极分享、自主评价。

一、学习问题导入

各位同学，大家好！大家先看看如图 4-30 和图 4-31 所示的两个服装店铺，如果要你选择一家服装店铺购买服装，你会选择哪一家？为什么？

图 4-30　服装店铺 1　　　　　　　　　　　　　图 4-31　服装店铺 2

二、学习任务讲解

营销界有个著名的"7 秒定律"，就是消费者会在 7 秒内决定是否购买某个商品，而在这关键性的 7 秒内，色彩占的比重为 60% ～ 70%。国际流行色协会研究表明，在不增加成本的情况下，只是简单地改变产品的的色彩就能够给产品带来 10% ～ 25% 的附加值。雀巢咖啡就曾经做过类似的实验：使用不同颜色的杯子装同样的咖啡让消费者进行品尝，结果大部分的品尝者认为红色杯子中的味道最好，绿色杯子中的咖啡有酸味儿，白色杯子的咖啡味道又偏淡，于是最后雀巢咖啡选择了红色作为杯子的主要包装色，结果大受欢迎，如图 4-32 所示。

图 4-32　雀巢咖啡杯色彩实验

服装陈列的色彩也在视觉营销中占有首要地位，是吸引顾客入店和购买的关键。服装店铺内的商品繁多，色彩丰富，我们可以从以下几方面进行服装陈列色彩设计。

1. 确定主色调

服装陈列色彩的主色调是指服装陈列展示空间中的整体色彩偏向，它既可以是单色，也可以是多色。单色容易形成整体感，其色彩可以是品牌时装的主打色，再加上统一的灯光、背景、道具等来烘托氛围。主色调为单色的服装色彩陈列优点非常明显，即协调、统一，但缺点是呆板、无亮点。可以选择使用少量的对比色来进行搭配。

服装陈列主色调除了常见的单色，还有大胆前卫的多色。陈列空间多色调会让整体空间色彩更加活跃、丰富，但因色调较多，如果协调不好容易让人感觉眼花缭乱，甚至产生视觉审美疲劳，降低购买欲望。因此，多色调搭配时要做好色彩之间的协调和过渡。服装陈列主色调，如图 4-33 所示。

图 4-33　服装陈列主色调

2. 服装陈列色彩搭配

（1）渐变色搭配法。

服装陈列的渐变色主要包括两种，一种是明度上的渐变。这种渐变方法可以是从深色到浅色的渐变，也可以是浅色到深色的渐变，在视觉上有一种递进或递减的层次感，视觉感受较为舒适、自然。另一种是色相上的渐变，主要指同类色或类似色的渐变，也有部分是多色渐变，如从黄色渐变到橙色，再渐变到红色。有些服装店铺货品比较多，陈列时直接从冷色渐变到暖色，这种陈列主要出现在线上店铺的叠装展示中。渐变法陈列除了出现在叠装之外，还常用在店铺中的侧挂展示。

渐变色陈列充满了旋律感，但在展示时要注意渐变色彩不要过于接近，要有一定的跳跃性，否则不易抓住顾客的视线，无重点且容易让顾客视觉模糊。渐变色搭配法，如图 4-34 和图 4-35 所示。

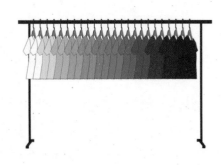

图 4-34　明度渐变

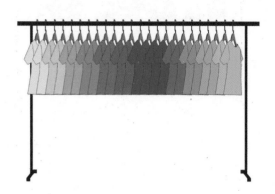

图 4-35 色相渐变

（2）间隔色搭配法。

服装陈列间隔色搭配法属于一种跳跃式的陈列方法，色与色之间变化明显，同样表现在明度与色相两方面。间隔色的明度搭配法一般陈列方式是"浅—深—浅—深"的循环，整体色彩种类比较少，色彩明暗变化明确，具有跳跃性，能很好地吸引人的视线。而间隔色的色相搭配法一般色彩多样，充满活力，有些甚至是对比色搭配，富有冲击力。

间隔色搭配法富有节奏感和韵律感，显得生动、活泼。但也因为色相太多，冲击力太强，所以在进行搭配时要注意每个隔断的长度，在有强劲节奏感的同时增加韵律感。间隔色搭配法，如图 4-36 和图 4-37 所示。

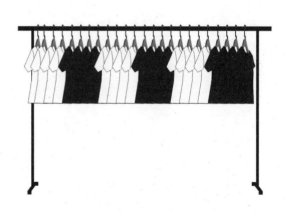

图 4-36 明度间隔

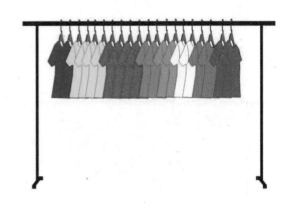

图 4-37　色相间隔

三、学习任务小结

通过本次课的学习，同学们已经初步了解了色彩在服装商品陈列中的运用方法，掌握了服装色彩陈列的方法与技巧。通过对优秀服装陈列色彩作品的赏析提升了对服装陈列色彩的深层理解。课后，大家要认真完成作业并收集更多服装陈列色彩作品，提高综合审美能力。

四、课后作业

每位同学收集品牌服装陈列色彩图片 20 张，做成 PPT 进行分享。

色彩在服装品牌和个人形象设计中的运用

教学目标

（1）专业能力：能分析色彩在服装品牌和个人形象设计中的运用要点。

（2）社会能力：关注日常生活中的服装品牌文化，收集色彩在服装品牌形象设计中的经典案例。

（3）方法能力：具备信息和资料收集能力，以及设计案例分析、提炼及应用能力。

学习目标

（1）知识目标：了解服装品牌和个人形象设计中的色彩运用方式。

（2）技能目标：能够分析色彩在服装品牌和个人形象设计中的运用技巧。

（3）素质目标：能够大胆、清晰地表述服装品牌和个人形象设计中的色彩运用技巧，具备团队协作能力和一定的语言表达能力，培养综合职业能力。

教学建议

1. 教师活动

（1）教师通过前期收集的服装品牌和个人形象设计色彩运用图片展示与讲解，提高学生对色彩运用的直观认识。

（2）将辩证思维方法融入课堂教学，引导学生用联系、发展、全面的观点看待色彩在服装品牌和个人形象设计中的作用。

2. 学生活动

学生认真聆听教师讲解服装品牌和个人形象设计中的色彩运用方法，并分组进行实训。

一、学习问题导入

品牌是指消费者对产品及产品系列的认知程度。品牌的本质是品牌拥有者的产品、服务或其他优于竞争对手的优势能为目标受众带去同等或高于竞争对手的价值。服装行业有许多享誉世界的品牌，它们以独特的设计和文化内涵引领着服装领域的潮流。例如英国服装品牌 Burberry，其经典的米色风衣和英格兰格子，让其形成了自身特有的服装文化，如图 4-38 所示。

图 4-38　Burberry 2020 秋冬系列

二、学习任务讲解

1. 服装品牌形象概述

服装品牌形象是指某个服装品牌或企业特有的品质形象，包括它的产品形象、价格定位、社会评价等。如提到 LV 大家都会想到奢侈品、经典箱包、特色印花和经典棕色等。品牌形象代表了一种态度，甚至是一种身份和社会地位的象征，具有一定的附加值。现在很多服装品牌都走品牌路线，靠品牌的光环来吸引消费者。比如施华洛世奇的水晶饰品，采用的是玻璃仿真水晶，与价值连城的珠宝首饰相比，其价格优势明显，购买的人趋之若鹜，究其原因除了价廉物美，其品牌形象的成功塑造也功不可没，很多人认为戴它就是一种时尚。

在品牌形象中色彩的作用是必不可少的，比如美团的变"黄"事件。美团升级前 logo 的颜色是蓝绿色，后来随着市场经济的发展，竞争对手越来越多，美团开始通过统一色彩来强化品牌，把 logo、服装、车辆、头盔等都换成了黄色，让人们一看到一身标配黄色的外卖人员就能知道是美团的员工，如图 4-39 所示。

图 4-39　美团的色彩升级

2. 色彩在服装品牌形象中的作用

（1）服装品牌的形象色。

色彩除了能强化服装品牌形象、增加辨识度外，还有更深层的含义，它揭示了服装品牌的文化内涵。比如 Chanel 的品牌形象色黑色，Chanel 创立于二十世纪初的法国巴黎，当时的欧洲延续十九世纪的宫廷贵族风，紧身胸衣，像移动花园一样的大摆裙身，X 形造型，蕾丝层层叠叠，颜色华丽多彩，穿着这些服装的女性娇弱，依附于男性。Chanel 的创始人 Coco Chanel 是一个非常独立的女性，她希望通过她设计的服装帮助女性来解放自己。她设计的服装简洁、高雅、舒适，让女性从奢靡的宴会中走出来。她常用的黑色也打破了服装传统的五彩缤纷用色，让女性不再以"色"悦人。她认为黑色和白色凝聚了所有色彩的精髓，代表着绝对的美感，这在当时盛行金、红等鲜艳颜色的时尚圈是独树一帜的。她设计的黑色小礼服颠覆了人们对礼服色彩的传统认识，开创了一个新女性的着装时代。黑色也成了时装 Chanel 的服装品牌形象色，出现在每一季的时装发布会中，传承着 Chanel 的品牌文化，让 Chanel 成为一种历久弥新的独特风格。

色彩不但能够强化服装品牌的视觉形象，还能传递服装的品牌文化和设计理念。无数成功的例子如爱马仕的橙色，路易威登的棕色，范思哲的金色，卡地亚的红色，巴宝利的米色等都无一不说明了这一点，如图 4-40 ~ 图 4-44 所示。

图 4-40　Coco Chanel

图 4-41　Chanel 2020 秋冬系列

图 4-42　爱马仕的橙色　　　　　图 4-43　路易威登的棕色　　　　图 4-44　范思哲的金色

（2）服装品牌畅销色。

与服装品牌形象色不同，服装品牌畅销色并不是永恒不变的，它根据顾客群体的喜好和每一季的色彩流行趋势而变化，服装品牌的经济效益也大多来源于此。每个服装品牌都有自己的顾客群体定位，包括他们的年龄、收入、消费水平、色彩偏好等。比如淑女坊的顾客定位是年轻时尚的都市淑女，所以不管流行色怎么变化，淑女坊都会选取一些偏自己品牌风格的色卡，比如粉红、洋红、粉蓝、明黄、白色、灰色等偏年轻活力的色彩。再比如服装品牌江南布衣，它的设计理念是"自然、自我"，所以它在色彩选择上大多以沉稳、雅致的色彩为主。同时因为黑、白、灰等无彩色个性稳定，是百搭色，所以很多品牌也把这些色作为服装品牌的畅销色。

3. 色彩在个人形象设计中的运用

色彩在个人形象设计中的运用依据为四季色彩理论。四季色彩理论是把生活中的常用色按基调的不同进行划分，进而形成四大组自成和谐关系的色彩群。由于每一色群刚好与大自然四季色彩特征相吻合，便把这四组色彩分别命名为春、夏、秋、冬四季色彩。这个理论体系对于人的肤色、发色和眼球色的色彩属性进行了科学分析，并按照明暗和强弱程度把人区分为四种类型，为他们分别找到了和谐对应的春、夏、秋、冬四组装扮色彩。

（1）春季型人。

春天的色调联想：生机、活跃、萌动、青春、阳光、明媚、热情、明朗、万物复苏、百花待放、粉嫩、明亮、鲜艳、俏丽、充满生机。春季型人与大自然的春天色彩有着完美和谐的统一感。春季型人通常给人的第一印象是有着玻璃珠般明亮的眼眸与纤细、透明的皮肤，神情充满朝气，给人以年轻、活泼、娇美、鲜嫩的感觉。服饰中的画龙点睛之笔是春季色彩群中最鲜艳、亮丽的颜色，如亮黄绿色、杏色、浅水蓝色、浅金色等，都可以作为主要用色穿在身上，能突出春季型人的轻盈朝气与柔美魅力。

肤色：白皙细腻、具有透明感的浅象牙白、暖米色。

发色：淡而微黄、明亮如绢的茶色，柔和的棕黄色、栗色。

眼睛：眼珠呈亮茶色、琥珀色，眼白呈湖蓝色，瞳孔呈棕色，眼神明亮、轻盈。

春季型人适合的妆容用色如下。

粉底：象牙、亮肤。

眉毛：深咖。

眼线：咖啡。

眼影：银杏、浅珊瑚、雪贝、炫金、草绿。

口红：杏红、橙红、豆沙红、蜜红。

胭脂：浅豆、浅肤色、淡砖红。

春季型人适合的妆容用色，如图 4-45 所示。

春季型人适合的发色，如图 4-46 所示。

图 4-45　春季型人适合的妆容用色

春季型人——适合浅暖黄色、金色、棕色等

图 4-46　春季型人适合的发色

春季型人有着明亮的眼睛，桃花般的肤色。春季型人穿上杏黄色或亮黄绿的上装，走在朵朵桃花、片片油菜花中，娇容月貌浑然一体，美不胜收。春季型人的服饰基调属于暖色系中的明亮色调，如同初春的田野，微微泛黄。服饰中的关键色彩是春季色彩群中最鲜艳亮丽的颜色，如亮黄绿色、杏色、浅水蓝色、浅金色等，都可以作为主要用色穿在身上，突出轻盈朝气与柔美魅力同在的特点。在色彩搭配上应遵循鲜明、对比的原则来突出自己的俏丽。

春季型人的服饰，如图 4-47 和图 4-48 所示。

图 4-47　春季型人的服饰 1

图 4-48　春季型人的服饰 2

（2）夏季型人。

夏季型人给人以温婉飘逸、柔和而亲切的感觉，如同一潭静谧的湖水，会使人在焦躁中慢慢沉静下来，去感受清静的空间。夏季型人的特征决定了轻柔、淡雅的颜色才能衬托出其温柔、恬静的气质。

夏季型人通常给人的第一印象是完美、文静、优雅、轻柔耐心、性格低调、贤淑、知性、温柔等。夏季型人的典型肤色是偏冷色调，化妆底色及粉底宜选用冷调的玫瑰红或中性的浅米色。具体的搭配因肌肤不同而各异，以冷调玫瑰红为主的底色及粉底最适宜清朗明亮的瓷质肌肤，明亮而冷调的米色映衬极具光泽的玫瑰红肌肤十分理想，明亮而冷调的橄榄色肌肤则宜配泛灰的明褐色。夏季型人适合的妆容用色如下。

粉底：象牙、绯红。

眉毛：灰黑。

眼线：咖啡。

眼影：淡紫、淡粉、宝蓝、亮粉、紫蓝。

口红：亮玫红、紫红、暖粉红、雪紫红、玫瑰红。

胭脂：暗桃红、深玫瑰。

夏季型人适合的妆容用色，如图4-49所示。

夏季型人适合的发色，如图4-50所示。

图4-49　夏季型人适合的妆容用色

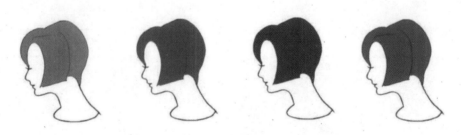

夏季型人——适合较深的玫瑰棕、酒红色和紫色、灰蓝色等

图4-50　夏季型人适合的发色

夏季型人适合穿深浅不同的各种粉色、蓝色和紫色，以及有朦胧感的色调。在色彩搭配上最好避免反差大的色调，适合在同一色相里进行浓淡搭配。其用色要点是颜色一定要柔和、淡雅。夏季型人不适合穿黑色，过深的颜色会破坏夏季型人的柔美，可用一些浅淡的灰蓝色、灰绿色、紫色来代替黑色。夏季型人穿灰色会非常高雅，但注意选择浅至中度的灰，夏季型人不太适合宝蓝色。夏季型人的服装色彩，如图4-51～图4-54所示。

图 4-51　夏季型人的服装色彩 1

图 4-52　夏季型人的服装色彩 2

图 4-53　夏季型人的服装色彩 3

图 4-54　夏季型人的服装色彩 4

（3）秋季型人。

秋季型人给人以成熟、稳重的感觉，显得内敛、大方、自信，最适合的颜色是金黄色、苔绿色、橙色等深而华丽的颜色。选择红色时，一定要选择砖红色和与暗桔红相近的颜色。

秋季型人通常给人的第一印象是平稳、脚踏实地、深思熟虑、温厚、包容、坚强、行动慢、情绪变化慢。秋季型人适合的妆容用色如下。

粉底：自然、素贝、浅蜜、深杏。

眉毛：深咖。

眼线：咖啡、炭灰。

眼影：银杏、炫金、草绿、浅珊瑚、浅褐色、雪贝。

口红：嫣红、可可红、咖啡红、豆沙红。

胭脂：淡砖红、浅肤色。

秋季型人适合的妆容用色，如图4-55所示。

秋季型人适合的发色，如图4-46所示。

图4-55　秋季型人适合的妆容用色

秋季型人——适合棕色、深棕色以及含棕色成分的棕酒红色、褐红色

图4-56　秋季型人适合的发色

　　秋季型人的服饰基调是暖色系中的沉稳色调，浓郁而华丽的颜色可衬托出秋季型人成熟、高贵的气质，越浑厚的颜色也越能衬托秋季型人陶瓷般的皮肤。秋季型人用色要点是颜色要温暖、浓郁，适合以橙色、卡其色、驼色为主色调的颜色。秋季型人穿黑色会显得皮肤发黄，可用深棕色来代替。秋季型人的服装色彩，如图4-57～图4-60所示。

图4-57　秋季型人的服装色彩1　　　　　图4-58　秋季型人的服装色彩2

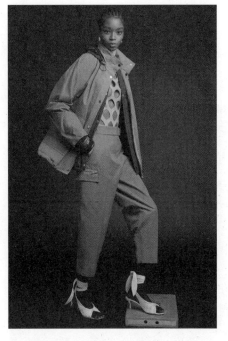

图 4-59　秋季型人的服装色彩 3　　　　图 4-60　秋季型人的服装色彩 4

（4）冬季型人。

冬季型人给人以儒雅、稳重的感觉，显得朴实、大方，最适合的色彩搭配是纯色和无彩色，纯色选择红色时，可选正红、酒红。选择无彩色时一定要有对比效果。用色要点是颜色要厚重、凝练，朴实无华。冬季型人通常给人个性分明、与众不同的感觉。冬季型人适合的妆容用色如下。

图 4-61　冬季型人适合的妆容用色

粉底：绯红、象牙、蜜蕊。

眉毛：灰黑。

眼线：咖啡、黑。

眼影：紫蓝、淡粉、天空蓝、宝蓝、淡紫。

口红：玫瑰红、莓紫、桃红、樱桃红。

胭脂：暗桃红、暗紫红、深玫瑰。

冬季型人适合的妆容用色，如图 4-61 所示。

冬季型人适合的发色，如图 4-62 所示。

冬季型人——适合银白色、深酒红色、深灰蓝色、纯黑色等

图 4-62　冬季型人适合的发色

冬季型人的服饰基调是朴实、儒雅的灰色调，藏蓝色、军绿灰色、深咖啡色也是冬季型人服装的常用色。色彩搭配时要注意色彩的对比效果，可以将灰色调作为底色或主色调，适当搭配一些纯度较高的色彩，显示出高雅、脱俗的气质。冬季型人的服装色彩，如图4-63～图4-65所示。

图 4-63　冬季型人的服装色彩 1

图 4-64　冬季型人的服装色彩 2

图 4-65　冬季型人的服装色彩 3

三、学习任务小结

　　通过本次课的学习，同学们已经初步了解了色彩在服装品牌和个人形象设计中的作用以及搭配方法，通过对知名服装品牌和个人形象设计色彩搭配作品的赏析，了解了其色彩搭配的方法和规律，提升了服装色彩设计的理论知识。课后，大家要多收集相关服装品牌和个人形象设计色彩作品，并归纳和总结其中的色彩搭配技巧。

四、课后作业

　　每位同学收集 6 个知名服装品牌的形象色和常用畅销色，并制作成 PPT 进行分享。

参考文献

[1] 周翊. 色彩感知学 [M]. 长春：吉林美术出版社，2011.

[2] 王海燕. 服装消费心理学 [M]. 北京：中国纺织出版社，2016.

[3] 黄元庆，等. 服装色彩学 [M]. 5 版. 北京：中国纺织出版社，2018.

[4] 孙芳. 品牌形象设计手册 [M]. 北京：清华大学出版社，2016.

[5] 杨永庆，张岸芬. 服装设计 [M]. 北京：中国轻工业出版社，2006.

[6] 崔生国. 色彩构成 [M]. 武汉：湖北美术出版社，2009.

[7] 张玉祥. 色彩构成基础 [M]. 北京：北京工艺美术出版社，2003.

[8] 于炜. 服装色彩应用 [M]. 上海：上海交通大学出版社，2003.